プロブレムQ&A

化学防災読本

［化学災害からどう身を守るか］

■

門奈　弘己・著

緑風出版

プロブレムQ&A

目次

プロブレムQ&A

Ⅲ 化学災害の実態

プロブレムQ&A

Q21 どうして、住宅火災で煙による犠牲者が多いのですか？ 117
住宅火災が化学災害だというのは分かりました。では、住宅火災の時に、一酸化炭素中毒・窒息など、煙による被害が多い理由を教えてください。

Q22 住宅火災への有効な対策はどのようなものですか？ 122
住宅火災やその被害に関するニュースを、毎日のように見聞きします。住宅火災による被害を小さく抑えるための対策を教えてください。

Q23 糸魚川市で発生した大規模火災は、どんな新しい動きにつながりましたか？ 130
二〇一六年の年の瀬に、糸魚川市で大規模な住宅火災が発生しました。この大火災がもたらした、国の新しい動きとはどんなことなのか教えてください。

Q24 住宅で起こりうる爆発事故には、どのようなものがありますか？ 134
火災以外にも、住宅で起こる可能性のある化学災害はありますか？　爆発事故の具体例とともに、気をつけるべき点についても教えてください。

Q25 住宅で起こりうる漏えい事故には、どのようなものがありますか？ 139
爆発以外にも、住宅で起こる可能性のある化学災害はありますか？　漏えい事故の具体例とともに、気をつけるべき点についても教えてください。

V 化学災害対策の現状と今後のありかた

Q26 政治の世界では、化学災害をどのように扱っていますか？ 144
最近は、選挙の際に、それぞれの政党からマニフェストが発表されますが、化学災害についてはどの程度触れられているのかについて教えてください。

Q27 行政は、化学災害に対してどのように取り組んでいるのですか？ 147
国や都道府県、市区町村といった行政は、化学災害に対してどんな取り組みをしていますか。また、どんな改善点があるのかについても教えてください。

プロブレム
Q&A

はじめに

突然の質問で恐縮ですが、以下に挙げる五つの地名には、ある共通する事柄があります。その共通項は何か分かりますか。

・福島県いわき市
・新潟県糸魚川市
・和歌山県有田市
・埼玉県三芳町
・イギリス・ロンドン

・福島県いわき市：二〇一六年十一月、震度五弱の地震が発生して、その影響でクレハの研究所で火災となりました。
・新潟県糸魚川市：二〇一六年十二月、中華料理店から出火し、約四万平方メートルも焼く大火災となりました。

・和歌山県有田市：二〇一七年一月、東燃ゼネラル石油から出火し、周辺住民に避難指示が出される火災となりました。

・埼玉県三芳町：二〇一七年二月、危険物も大量に貯蔵してあるアスクル社の倉庫で火災が発生し、鎮火まで二週間近くもかかりました。

・イギリス・ロンドン：二〇一七年六月、ロンドンのマンション（グレンフェル・タワー）で火災が発生し、瞬く間に火の海となりました。

共通項は、「二〇一六年十一月から約半年の間に発生した、化学災害の発生地」であることです。

本書は、このところ発生件数が高いまま推移している「化学災害」から身を守るためにどうしたら良いのかについて書かれた本です。

残念ながら、「化学災害」という言葉は、広く知られ、使われているとは言えません。そこで、第Ⅰ章では、「化学災害」とはどのような災害を指すのか定義します。そして、人類の歴史の中で、私たちが、化学物質をどう利用してきたのか、そのメリットもデメリットも含め、広く取り上げます。

第Ⅱ章では、数多い化学物質の中から、特に化学災害に気をつけるべき「危険物」、「毒物」、「劇物」、「高圧ガス」とはどのような物質なのか概観します。

第Ⅲ章では、化学災害が、日本国内でどのくらい発生しているのか、統計データをもとに見ていきます。化学災害は、化学工場やコンビナートのような場所でのみ発生する災害ではなく、どこででも発生しうることを確認してください。

第Ⅳ章では、私たちが日常生活を送る住宅での化学災害には、どのようなものがあるのか見ていきます。住宅火災も化学災害と考えるべき理由についても、様々なデータに基づいて考えれば、実感していただけると思います。

最後の第Ⅴ章では、化学災害対策の現状を、主要政党のマニフェストへの言及、行政の取り組み、災害関連法の整備状況、マス・メディアの報道姿勢などから把握します。その後、現状を踏まえて、私たち自身で何ができるかについて考えていきます。「公助」に頼るだけではなく、「自助」や「共助」で、化学災害の発生防止、万が一発生した場合の減災に、どれだけつなげていけるのか見ていきましょう。

プロブレム Q&A

I

私たちと化学物質

Q1 化学災害とは、どのような災害のことを言うのですか？

化学災害という言葉は、自然災害と違って、これまでほとんど聞いたことがありません。具体的な事例とともに、その特徴を教えてください。

化学災害とは

化学災害《かがくさいがい》という言葉は、同じ「災害」が付く自然災害や人為災害と違って、これまでに頻繁《ひんぱん》に使われてきたわけではありません。ただし、「今までにそのような災害が起きていなかったから、化学災害という言葉が、ほとんど使われてこなかったのだ」と考えるのは正しくありません。では、化学災害とは、どのような災害を指しているのでしょうか。

「専《もっぱ》ら、私たちの行為がきっかけとなって、爆発・火災・漏えいという結果が生じ、私たちの生活の場である社会環境や、大気・水・土壌などの自然環境に汚染を引き起こしたもの」（門奈弘己『化学災害』一五頁）

『化学災害』門奈弘己著、緑風出版、二〇一五年。

二〇一五年に出版された『化学災害』では、このように定義しています。これだけでは、少し抽象的で分かりにくい部分もあるかもしれません。そこで、実際に起きた化学災害の例をもとに見ていきましょう。

事例一

二〇一六年六月九日の午後六時頃、茨城県常陸太田市《ひたちおおた》で四棟が全焼する住宅火災が発生しました。幸い負傷者は出ませんでしたが、消し止めるまでに三時間以上かかり、ＪＲの駅も近かったために、付近は騒然となりました。

この火災は、男性が調理中に殺虫剤を噴射《ふんしゃ》し、ガスコンロの火に引火したことが原因でした。

事例二

二〇一六年六月十三日の午前八時二十分頃、東京都八王子市の理髪店《りはつてん》で爆発事故が起きました。理髪店の店員が、ボイラー室で、カセットボンベの穴あけ作業をしていた時、爆発が起きて窓ガラスが飛び散りました。こ

常陸太田市
茨城県の北東部に位置する。南北に長く、市の北端は福島県に接している。

の事故で、二名が負傷しました。負傷者の一人は店員で、火傷《やけど》を負いました。もう一人は、理髪店の入っているビルの脇を歩いていた女性で、十針縫うケガをしました。

事例三

二〇一六年六月十四日、韓国の釜山《プサン》のマンションでガス爆発が発生しました。ガス自殺しようとした住民が、自殺を思いとどまったのですが、タバコに火をつけてしまい、爆発事故となりました。この事故で、自殺未遂をした男性を含む六人が負傷し、一五〇名が避難生活を送らざるをえなくなりました。

事例四

二〇一六年六月二十日の午前十時半頃、東京都八王子市の東京薬科大学で爆発事故が起きました。学生が実験中に薬品を混ぜていた時、化学反応が起こり爆発しました。学生二人が、火傷を負う、髪が焦げる、などのケガをしました。

釜山

韓国の南東の端に位置する。首都ソウルに次ぐ、韓国第二の大都市。

薬品

酸化クロムとブチルアルコールを使った実験中だったという（産経新聞「東京薬科大で実験中に爆発」）。

事例五

二〇一六年七月六日の午後四時すぎ、愛知県刈谷市の自動車部品製造会社でガスが発生し、従業員二人を含む男女四人が救急搬送《はんそう》され、従業員約一四〇名も避難しました。従業員以外にも搬送された人が出たため、消防は、周辺住民に対して窓を閉めるよう呼びかけをおこないました。

これらの事例五つを見て、どう感じますか。事例三だけは外国で起きたものでしたが、これらは、二〇一六年の六月上旬から七月上旬までという、わずか一カ月間のうちに発生した「化学災害」と考えられる災害です。次に、これらの事例から、化学災害の特徴とはどのようなものか考えてみましょう。

化学災害は、身近な「場所」で起きる

化学災害というと、事例五のような、化学物質を扱う「工場」で起きた事故を想像することが多いと思います。しかし、事例一と三では、私た

刈谷市
愛知県のほぼ中央に位置する。TOYOTAのおひざ元である豊田市と近いため、市内には、自動車関連の工場が多い。

有毒ガス
発生した有毒ガスは二酸化窒素で、ニッケルめっき液と硝酸が混ざったことが原因とみられている。

ちが日常生活を送る「住宅」で爆発事故や火災が発生しました。事例二の「理髪店」は、雑居ビルの一角で営業しています。たまたま、今回の現場は理髪店でしたが、営業中の店舗《てんぽ》やビルはありとあらゆる場所に存在しており、皆さんも日常的に利用するでしょう。事例四の「大学」も、私たちに身近な場所だと思います。

化学災害の危険性は、本当に私たちの生活に近いところにあります。

化学災害は、身近な「物」でも引き起こされる

後半の事例四と五は、実験室、部品製造工場の特別な設備や薬品が、化学災害を引き起こしましたが、前半の事例三つに注目してください。

事例一では、殺虫スプレーとガスコンロの火が火災の原因でした。事例二では、カセットボンベが、爆発を起こしました。そして、事例三では、ガスとタバコに着火するためのライターが爆発のきっかけになりました。これらは、多くの家庭にあるものでしょうし、実際に利用したことがある方も多いのではないかと思います。私たちの身近なところにある物でも、条件が揃《そろ》えば化学災害を起こしてしまうと言えるでしょう。

大学
文部科学省の、文部科学統計要覧（平成二十八年版）によると、二〇一五年の時点で、大学は一一二五校ある（短期大学を含んだ数）。

化学災害は、「人のミス」によって起きるケースも多い

私たちがどれだけ気をつけていても、事故や災害が起きてしまうこともあります。しかし、実際には、注意深く行動すれば防ぐことのできたミスによって、事故や災害が起きることも多いのです。具体的に挙げれば、事例一では、「火を使っている場所で、殺虫剤を噴霧《ふんむ》したこと」、事例二では、「ボイラー室の中で、ボンベの穴あけ作業をしたこと」、事例三では、「ガスが充満する室内で、ライターを使用したこと」です。

冷静に考えれば、これらが、どれだけ危険な行動か分かると思います。精密な機械でも、ミスを犯します。私たちがミスを犯す頻度は、機械よりも高いでしょうから、化学災害は、いつでもどこでも起こりうる災害だと考えるべきでしょう。

発災場所以外の場所や人にも影響を及ぼす

他の事故や災害の場合にも当てはまることですが、化学災害の影響や被害は、発災《はっさい》場所だけで済むとは限りません。発災場所の周辺や、付近の住

民、たまたま通りかかった人たちを巻き込んでしまうこともあります。事例一では、人的被害は出ませんでしたが、他の家屋も全焼してしまいました。事例二では、事故が起こった時に付近を歩いていた歩行者が、負傷しました。事例三では、自殺を図った男性以外の負傷者が出ただけでなく、避難生活を余儀《よぎ》なくされた人たちも相当数出ました。

化学災害は、私たちが想像もしていなかった場所で発生し、遭遇《そうぐう》すれば誰もが被害者になる可能性があります。

自然災害に比べて、災害の様子や被害の程度が見えにくい

日本国内では、毎年どこかで大雨による洪水、河川の氾濫《はんらん》、土砂災害などが起きています。「川の水が、堤防を超えて住宅地に流れ込み、冠水《かんすい》した道路」、「濁流に流されないように、高い場所で救助を待つ住民たち」、「崩れた土砂に押し潰《つぶ》された家屋」といった映像を目にしたことのある方は多いと思います。実際に、そのような被害を受けた方もおられるかもしれません。このように、自然災害は、災害の様子や被害の程度が目に見えるケースが多いと言えます。

土砂災害の様子

カバー写真は土砂災害の様子を撮影したもの。道路の途中から、道がなくなっている。

『検証・大規模林道』編集委員会編著『検証・大規模林道』緑風出版、二〇一六年。

一方、化学災害の場合はどうでしょうか。「爆発によって飛び散ったガラス」、「燃えさかる炎、モクモク上がる黒い煙」、「火災によって燃えてしまった建物跡」などの映像だけでは、化学災害の実態は伝わりにくいかもしれません。それに加えて、ガスが漏れた時の刺激臭のようなものは、言葉で表現はできても、目に見える形では伝わりにくい部分があります。

ここまで特徴を見てきたとおり、化学災害は、ちょっとしたきっかけで、私たち自身が引き起こす可能性があり、また、巻き込まれる可能性がある災害です。化学災害は、私たちに身近な災害ですから、それに対する備え、防災も重要になってくると思われます。

茨城新聞
電子号外
大雨県内に猛威
避難勧告、指示19市町村
速報ニュース強力配信

鬼怒川決壊の新聞記事
茨城新聞電子号外、二〇一五年九月十日付より。(http://ibarakinews.jp/hp/sailist.php?elem=kinu_outburst&chx=57)

Q2 私たちは、これまで、化学物質をどのように利用してきましたか？

私たち人類は、化学物質とどう関わってきたのか、また、化学分野は、ここまでどのように発展してきたのかについて教えてください。

化学という学問分野

「水兵リーベ　僕の船……」

皆さんの中には、このような形で、水素から始まる周期表の並びを記憶した方もいると思います。周期表は、質量の小さい元素から番号が付けられて、左から右へ並んでいます。そして、似た特徴を持った元素が縦に並んでいます。軽い順番に並べると、一定の間隔で性質の似た元素があるということに気づき、周期表を作ったのが、ロシアのドミトリー・イワノビッチ・メンデレーエフ（一八三四年～一九〇七年）でした。このような法則が発見され、周期表ができてから、まだ百五十年程度しか経っていません。しかも、当時はまだ発見されていない元素もあったため、空欄《くうらん》がある状態の周期表でした。

元素の周期表は一つの例ですが、「化学」が一つの学問分野として成立したのは、それほど昔のことではありません。もともと、医学の付属分野という扱いで、独立した学問として大学で教えられていなかったといいます。十八世紀の末、フランス革命直後の一七九四年に、フランス・パリに理工科学校が設立され、化学も教えられ始めました。十九世紀に入ると、ドイツでも、研究者を養成するために化学教育が始まりました。世界で最も長い歴史を持つ大学は、開校して千年近く経《た》ちます。そこで教えられていた学問は、「哲学」や「神学」などが中心でした。それらと比べると、化学は非常に新しい分野であることが分かります（廣田襄『現代化学史』）。

化学物質の利用

化学という学問分野が成立するはるか前から、私たちは、数多くの化学物質を利用してきました。金属の利用もその一つの例です。過去の人々の暮らしの一端《いったん》が分かる遺跡は、世界各地にありますが、そこから、金属製の「装飾品《そうしょくひん》」も発見されています。また、洞窟《どうくつ》の壁画などには、「顔料《がんりょう》」

神学
特定の宗教の立場から、その教義や信仰について追究する学問。

顔料
着色に用いられる色材は、染料と顔料に分けられる。顔料は、染料と異なり、水や油に溶けない。天然の鉱物や土から得られる顔料や、金属を化学反応させて得られる酸化物から作られる顔料を「無機顔料」と呼ぶ。また、石油などから合成した顔料を「有機顔料」と呼ぶ。

として金属が使われている例もあるといいます。

金属は、このように、まず「装飾品」や「顔料」という、生きていくことに必ずしも直結しない部分に利用されてきました。その後「道具」という形で利用され始めます。それまでは、主に石製の道具を使っていましたが、青銅器や鉄器が登場したわけです。金属製の道具を利用することで、狩猟や農業の効率が上がり、私たちの暮らしも大きく変わりました。私たちは、他にも「武器」や「生活用品」という形で、金属を利用してきました（渡邉泉『いのちと重金属』）。しかし、当時利用していた金属は、銅、青銅、鉄、金、銀、鉛、水銀など、ごくごく少数に限られていました。現在、私たちは数十種類の金属を利用していますが、それらの大部分は、最近二百年ぐらいの間に見つかったものです。

有機化合物を人工的に合成

金属だけでなく、多くの元素も、以下のように、十八世紀後半以降に発見されており、まだ二百五十年も経っていません。

・水素：一七六六年（発見者：ヘンリー・キャヴェンディッシュ）

二酸化炭素
なお、元素ではないが、二酸化炭素は、ジョセフ・ブラックが一七五四年に発見した。

・窒素：一七七二年（発見者：ダニエル・ラザフォード）
・酸素：一七七四年（発見者：ジョセフ・プリーストリー）
・塩素：一七七四年（発見者：カール・ヴィルヘルム・シェーレ）

一方、化学以外の分野における、発明や発見はどうでしょうか。
・地動説『天体の回転について』：一五四三年（ニコラウス・コペルニクス）
・顕微鏡《けんびきょう》の発明：一五九〇年（ヤンセン親子）
・望遠鏡の発明：一六〇八年（ハンス・リッペルスハイ）
・望遠鏡で天体を観測：一六〇九年（ガリレオ・ガリレイ）
・細胞の発見：一六六五年（ロバート・フック）
・万有引力の法則：一六八七年（アイザック・ニュートン）
・雷が電気であることを証明：一七五二年（ベンジャミン・フランクリン）
これらは、ごく一部にすぎませんが、化学の分野における発見は、かなり新しい業績だということが分かります。

酸素
カール・ヴィルヘルム・シェーレも、一七七二年に発見していたが、その発表がプリーストリーより遅かった。

化学分野の専門家が、大学で養成され始める前までは、アマチュアの化学者が化学の発展を担っていました。化学者たちの中には、セルロース、デンプン、グリコーゲン、タンパク質といった、自然界に存在している分子量の多い物質を、人工的に合成しようと研究を進める人もいました。

一八二八年に、ドイツ人の化学者であるフリードリヒ・ヴェーラーが、無機化合物（無機物）から有機化合物（有機物）が合成されることを発見しました。それまでは、有機物は、生物の体内でしか作り出すことができないと考えられていましたから、この発見は、化学の分野における大きな転換点となりました。その後、多くの化学者が、有機物の合成について研究を始めました。

人工的に合成した化学物質全盛の時代

人工合成化学物質は、例えば、同じ元素を同じ数だけ使っていても、その配置を変えるだけで、性質の異なる化学物質になります。そのため、私たちが自らの手で作り出す化学物質の数は飛躍的に増えました。これら合成化学物質は、二十世紀半ばまでは石炭を、その後は石油を主原料にして

セルロース
植物の細胞壁を構成する主な成分。繊維や紙、セロハンやセルロイドの原料としても利用される。

グリコーゲン
ブドウ糖（単糖類）がつながった構造をした多糖類の一種。動物の肝臓（血糖値を一定に保つために重要）や、筋肉（エネルギー源になる）に多く存在する物質。

製造されています。したがって、人工合成化学物質時代である現代は、石油化学時代でもあるわけです。

アメリカ化学会には、ケミカル・アブストラクツ・サービス（Chemical Abstracts Service：ＣＡＳ）という情報部門があります。そこには、現在あるほぼ全ての化学物質の情報が登録されています。その登録数は、日々増えており、既に一億種類を超えています。合成の基本となる元素は、周期表に載っている一二〇種類近くの物質ですから、私たちがおこなっている元素の組み合わせが、いかに膨大《ぼうだい》な数かが分かると思います。これらの化学物質の中で、工業的に大量に生産されて市場に出回っているものは、かなり減りますが、それでも一〇万種近くはあると言われています。

一二〇種類

現在、一一八種類の元素が確認されている。そのうち、自然界に存在する元素は、原子番号一番の水素から、九二番のウランまでである。それ以降の元素は、人工的に作り出したものである。また、二〇一五年十二月、一一三番目の元素の命名権を日本が獲得し、ニホニウム（Nh）という名前に決まった。

Q3 私たちの身の回りには、どのくらい人工合成化合物があるのですか？

私たちの身近なところにある人工合成化合物の代表的なものは何ですか？　また、それらは、どんな形で利用されているのか教えてください。

私たちの身近なところにある人工合成化合物の代表的なものとしては、プラスチックが挙げられます。私たちの身の回りに、プラスチック製品が無い生活を想像できますか。きっと、現在、私たちが享受《きょうじゅ》している、豊かで、便利で、快適な生活は成り立たなくなるでしょう。そう言っても言い過ぎではないくらい、私たちの身の回りにはプラスチック製品がたくさんあります。

プラスチック製品のできるまで

まず、プラスチック製品が、どのように作られるのか見てみましょう。

プラスチックは、はじめから自然界に「プラスチック」という物質として

ナフサ
原油を蒸留《じょうりゅう》することで得られる物質。ガソリンの原料として使われたり、石油化学製品の原料として使われたりする。

エチレン
無色透明で、甘い匂いがある。空気より軽い、引火性の気体。ポリエチレンの原料となる物質。

プロピレン
プロペンとも呼ばれる。無色透明で、弱い刺激性の臭いがある。空気

存在しているわけではなく、石油を原料として合成・加工して作られます。したがって、プラスチックは、石油化学製品と呼ばれています。化石燃料資源に乏しい日本は、大量の原油を外国から輸入しています。採掘《さいくつ》された原油は、性質の異なる多くの成分や不純物が混ざった状態であるため、加熱・精製してから利用されます。各物質の沸点の違いによって、表1-1のように分離されます。

　このように取り出された各物質は、その約四一パーセントが、自動車や船舶、航空機などの燃料として「輸送」に用いられます。また、約三九パーセントが、発電などの「熱源」として使われます。残りの約二〇パーセントが、石油化学製品の「原料」として利用されています（石油連盟「石油のQ&A」）。

　石油化学製品の「原料」として主に使われているのが、「ナフサ（naphtha）」という物質です。加熱した分解炉《ろ》にナフサを注入すると、化学反応を起こして、様々な成分に分離します。その結果、エチレン、プロピレン、ブタジエン、ベンゼン、トルエ

表1－1　原油の精製後に取り出される石油製品とその利用方法

温度	石油製品	利用方法
～35℃	LPガス	タクシーの燃料やガスレンジの燃料
35～180℃	ガソリン	自動車の燃料
	ナフサ	石油化学製品の原料
170～250℃	ジェット燃料	ジェット機の燃料
	灯油	石油ストーブの燃料
240～350℃	軽油	トラックやバスといった、ディーゼル車の燃料
350℃～	重油	船や火力発電所の燃料
	潤滑油《じゅんかつゆ》	機械の摩擦を減らす油
	アスファルト	道路舗装《ほそう》の材料

出典：石油情報センター、石油連盟の資料から筆者作成

ン、キシレンといった「石油化学基礎製品」が作られます。それらが加工されて、最終的にプラスチック、合成繊維《せんい》、合成ゴム、合成洗剤、塗料などの製品となり、多くの分野で利用されています（石油化学工業協会「Let's study 石油化学」）。

プラスチックの生産量

日本で、プラスチックが本格的に生産され始めたのは、第二次世界大戦後の一九四〇年代後半です。

一九五〇年当時、プラスチックの生産量は一万七〇〇〇トンでした。その後の高度経済成長の時代には、プラスチックの生産量は急激に増加しました。一九六〇年代の半ばには二〇〇万トンを超え、一九七〇年には五一二万八〇〇〇トンに達しました。二度のオイルショックを乗り越えた後は、生産量もまた増加に転じ、一九八〇年代後半には一〇〇〇万トンを突破しました。そして、一九九七年には生産量は一五二〇万トンに達し、この年がピークとなります。

その後の生産量は、緩やかな減少傾向にあると言えるでしょう。二〇〇

より重い引火性の気体。ポリプロピレンの原料となる物質。

ブタジエン
無色透明で、無臭。空気より重い引火性の気体。主に、合成ゴムの原料として使われる物質。

ベンゼン
一八二五年、M・ファラデーが発見した。無色透明で、特徴的な臭いを持つ引火性の液体。燃えた時には、多くの煤《すす》が出る。蒸気は有害で、中毒症状を引き起こすこともある。フェノールやスチレンなどの合成原料として利用される物質。

トルエン
メチルベンゼンとも呼ばれる。無色透明で、ベンゼンと似た臭いを持つ可燃性の液体。蒸気は、吸い込む

七年頃までは、一四〇〇万トン前後で推移していましたが、それ以降はさらに生産量は減りました。二〇一〇年以降は、一〇〇〇万トン前後の生産量で推移しています（日本プラスチック工業連盟「プラスチック統計」／塩ビ工業・環境協会「プラスチック生産量」）。

汎用プラスチック1　ポリエチレン（PE）

ポリエチレンが工業生産化されたのは、一九五〇年代に入ってからです。「低密度ポリエチレン」と「高密度ポリエチレン」の二種類があり、それぞれの特徴に応じて使い分けられています。二〇一五年の生産量は約二六〇万九〇〇〇トンで、プラスチック全生産量（一〇八三万四〇〇〇トン）の約四分の一を占めています。生産量は、汎用《はんよう》プラスチック四種の中では、一番多い物質です。

［長所］

・防湿性に優れている

・電気を通さない

・寒さに強い（マイナス二〇度くらいまで）

と有害。染料、爆薬、合成樹脂の原料となる物質。また、接着剤や塗料の溶剤としても用いられている。

キシレン

ジメチルベンゼンとも呼ばれる。無色透明で、特徴的な臭いを持つ可燃性液体。目や皮膚、のどへの強い刺激がある。塗料、溶剤、合成樹脂の原料として利用されている物質。

汎用プラスチック

比較的安価で、加工もしやすい。大量生産できるため、ひろく様々な所に用いられているプラスチックのこと。一般的には、ポリエチレン、ポリプロピレン、ポリ塩化ビニル、ポリスチレンの四種類を指す。

・薬品にも強い

［短所］

・塗装や接着が難しい

・特に、低密度ポリエチレンは、熱に強くない（常用耐熱温度が摂氏七〇〜九〇度）

・軟化点が低い

［用途］

・低密度ポリエチレンは、ラップフィルム、マヨネーズやケチャップなどのチューブ容器、ゴミ袋、電線の被覆《ひふく》など

・高密度ポリエチレンは、シャンプーやリンスの容器、バケツ、パイプ、コンテナなど

汎用プラスチック２　ポリプロピレン（ＰＰ）

ポリプロピレンは、一九五四年にイタリアのＧ・ナッタが発明した物質です。日本では、一九六二年に工業化されました（三信化工株式会社「ポリプロピレン」）。二〇一五年の生産量は約二五〇万一〇〇〇トンで、プラス

汎用プラスチック使用例

ケチャップのボトルはＰＥ、キャップはＰＰが使用されている。

チック全生産量に占める割合は、約二三パーセントです。生産量は、汎用プラスチック四種類の中で二番目に多い物質です。

[長所]

・常用耐熱温度が摂氏一〇〇～一四〇度で、耐熱性に優れている

・プラスチックの中で比重が小さく、軽量である

・引っ張りや折り曲げに強い

[短所]

・光や熱によって劣化する

・低温時には、それほど強度はない

[用途]

・トレーなどの食器や容器、包装フィルム、自動車や家電製品の部品、注射器などの医療器具、繊維など

汎用プラスチック3　ポリ塩化ビニル（PVC）

ポリ塩化ビニルは、塩化ビニル樹脂、略して「塩ビ」とも呼ばれます。

ポリ塩化ビニルは、汎用プラスチックの中で、最初に国内で工業生産され

るようになった物質です。二〇一五年の生産量は約一六四万三〇〇〇トンで、プラスチック全生産量に占める割合は約一五パーセントです。汎用プラスチック四種類の中では、三番目に多い生産量でした。

［長所］
・燃えにくい
・酸化作用に強く、耐用年数が長い
・荷重のかかった状態が続いても、変形しにくい
・可塑剤《かそ》によって、柔軟性を自由に変えられる

［短所］
・低温の時、衝撃に強くない
・常用耐熱温度が摂氏六〇～八〇度で、他の汎用プラスチックよりも低い
・軟質ポリ塩化ビニルは、長く使用していると、含有している可塑剤が製品の表面に滲《にじ》み出てきたり、揮発《きはっ》したりすることもある

［用途］
・硬質ポリ塩化ビニルは、水道管、下水道管、継ぎ手、看板、雨樋《あまどい》、サ

可塑剤
そのままでは硬かったり、もろかったりする物質に加える物質。その働きによって、成形や加工がしやすくなる。

柔軟性を自由に変えられる
ポリ塩化ビニルは、もともと比較的硬い物質であるが、可塑剤を添加すると、分子と分子の間に可塑剤が入り込んで、分子間の力が弱くなり、軟らかく、しなやかで弾力のある物質にもなる。この特性を活かして、「硬質ポリ塩化ビニル」と「軟質ポリ塩化ビニル」が製造されている。

ッシ、ダクトなど

・軟質ポリ塩化ビニルは、文房具、長靴、雨合羽《あまがっぱ》、バッグやケースの表装材、壁紙、ラップフィルム、ホース、電源コードなど

汎用プラスチック4　ポリスチレン（PS）

ポリスチレンは、一九三〇年代にドイツやアメリカで実用化されました。日本では、一九四〇年代後半から輸入が始まり、国産化されたのは一九五〇年代後半になってからでした（日本スチレン工業会「ポリスチレンとは」）。一般的な「汎用ポリスチレン」と、衝撃に強くするためにゴムを加えた「耐衝撃性《たいしょうげきせい》ポリスチレン」、発泡《はっぽう》スチロールの材料となる「発泡ポリスチレン」があります（日本スチレン工業会「ポリスチレンの特長」）。二〇一五年の生産量は約一二一万トンで、プラスチック全生産量に占める割合は約一一パーセントです。生産量は、汎用プラスチック四種類の中では、一番少ないです。

［長所］

・成形加工しやすい

・電気を通さない
・性能が変化し難いので、リサイクルしやすい
・発泡させ、断熱効果を高めることができる

[短所]

・汎用ポリスチレンは、衝撃にそれほど強くなく、脆《もろ》い
・柑橘《かんきつ》類に含まれるリモネンやエゴマ油などによって、軟化したり、溶解したりする
・ベンジン、シンナーなどの有機溶剤に溶ける

[用途]

・汎用ポリスチレンは、食品容器、冷蔵庫の仕切板、CDケース、プラモデルなど
・耐衝撃性ポリスチレンは、テレビ、エアコン、パソコンなど家電製品の外枠など
・発泡ポリスチレンは、梱包時の緩衝材《かんしょうざい》、断熱材、魚箱、カップ麺の容器など

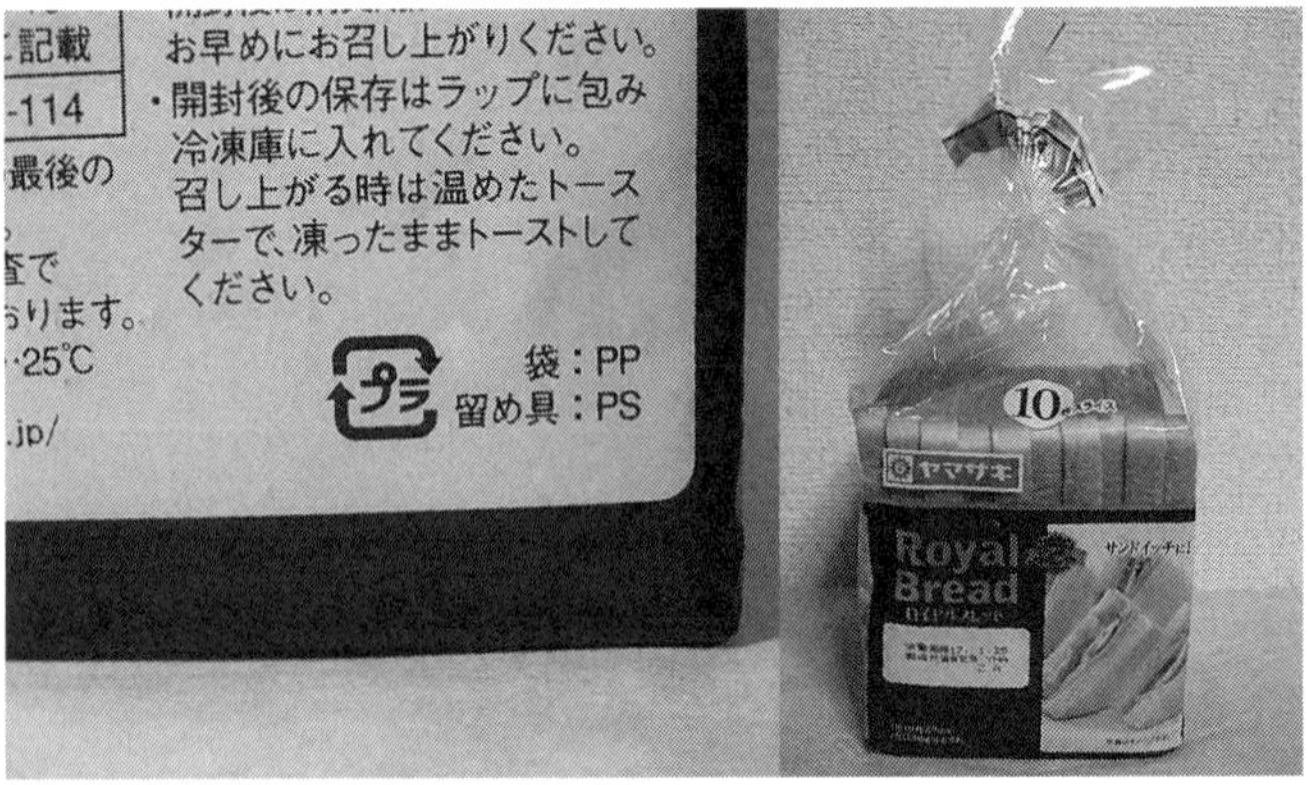

汎用プラスチック使用例
食パンの袋はPP、留め具はPSが使用されている。

汎用プラスチックが用いられた製品は、私たちの目に触れたり、手に取ったりする機会が多いです。製品のパッケージには、どの種類のプラスチック製品なのか表記があります（三二頁、三六頁の下部写真参照）。例えば、一斤《きん》の食パンの場合、パンの入った袋は「ＰＰ」、留め具は「ＰＳ」と明示されています。また、歯磨き粉やマヨネーズなどのチューブ製品の場合、チューブが「ＰＥ」、キャップが「ＰＰ」、そして、製品名や製品情報を印刷してあるフィルムが「ＰＳ」と明示されています。普段使っている物が、どの種類のプラスチック製品なのか、チェックしてみるのも面白いかもしれません。

Q4 化学物質のもたらした「マイナスの面」は、どのようなものですか？

化学物質は、私たちに、便利さや快適さ、豊かさをもたらした一方で、これまでにどのような問題を引き起こしてきたのか教えてください。

Q3で見たように、次々と開発され増えていく化学物質によって、私たちは、便利さ、快適さ、豊かさを手にしました。その一方で、私たちは、化学物質のもたらす負の側面にも直面することになりました。次頁の表1-2は、化学物質の「光」の面と「陰」の面を、大まかにまとめたものです。

化学災害

爆発・火災・漏えいといった災害は、化学物質のもたらした陰の部分の中でも、これまでそれほど取り上げられてきませんでした。それは、これらの災害が起きていないという意味ではありません。悪影響の規模、被害

メチルイソシアネート（MIC）
　無色透明の固体で、殺虫剤や殺菌剤を製造する時に使われる。皮膚に接触すると刺激があり、体内に入ると、肺水腫、肺気腫などを引き起こす。

を受ける人たちの数や広がりが、他の汚染問題などと比べて小さかったからだと考えられます。

　しかし、これらの事例として、どのような文献でもほぼ必ず言及される事故が二つあります。まず、一九七六年七月、イタリア・セベソのイクメサ化学工場でおきた爆発事故です。この事故では、ダイオキシンが工場の周辺地域に降り注ぎ、住民が強制的に疎開させられました。この事故による死者は出ませんでしたが、ダイオキシン中毒に悩まされる被害者が多数出て、出産を通じて、次の世代にその被害が受け継がれてしまうケースもありました。

　もう一つは、一九八四年十二月、ユニオン・カーバイド・インド社のボパール工場で起きた漏えい事故です。この事故では、メチルイソシアネート（MIC）という猛毒の化学物質が、多くの人たちが寝静まった真夜中に漏えいしました。その結果、即死した人たちだけでも二〇〇〇人を超え、最終的な犠牲者は一万四〇〇〇人以上となりまし

表1－2　化学物質のもたらした「光」と「陰」

<table>
<tr><th>戦争・テロリズム</th><th>化学汚染</th><th>化学災害</th><th>化学合成品</th></tr>
<tr><td>催涙《さいるい》ガス
化学兵器</td><td>大気汚染
水質汚濁
土壌汚染
食品汚染
薬害
労働災害</td><td>爆発
火災
漏えい</td><td rowspan="2">医薬品
農薬
プラスチック
合成繊維《せんい》
フロン
PCB</td></tr>
<tr><td>アウシュヴィッツ
地下鉄サリン事件</td><td>足尾鉱毒事件
四日市ぜんそく
水俣病
イタイイタイ病
六価クロム汚染
カネミ油症事件
森永ヒ素ミルク事件
サリドマイド
スモン
アスベスト
三井三池炭鉱爆発事故</td><td>工場や倉庫
自然災害が誘発
輸送機関
住宅</td></tr>
</table>

た。この事故は、「人類史上最悪の化学災害」と言われています。

この二つの例で挙げたような、「有毒な化学物質」だけが、そして、「有毒な化学物質を扱う場所」だけが、化学災害を起こすわけではないことに注意が必要です。爆発・火災・漏えい事故は、自然災害に伴って発生したり、輸送中に発生したり、住宅で発生したりもします。これらについては、第Ⅱ章以降で詳しく扱います。

化学汚染

この化学汚染の部分は、これまで「地球規模の環境問題」や「公害」として、頻繁《ひんぱん》に取り上げられてきたので分かりやすいと思います。

工場やコンビナートから排出された煙は、主に二つの形態で私たちに影響を与えます。まず、私たちが、煙に含まれている有害成分を吸い込むことによるものです。第二次世界大戦後の高度経済成長期、三重県で起こった「四日市ぜんそく」は、その典型例と言えるでしょう。もう一つは、煙に含まれている有害成分が、雨とともに地上に落ちてくることによるものです。これが「酸性雨」と呼ばれる環境問題であり、世界各地の森林が枯

足尾鉱毒事件

足尾銅山から流出した鉱毒によって、渡良瀬川が汚染され、その水を利用して栽培する農作物にも大きな被害を与えた。明治時代の半ば以降、渡良瀬川流域の農民による反対運動も盛んにおこなわれた。

六価クロム汚染

日本化学工業の工場から出された六価クロムが、土壌を汚染していた。六価クロムは、土壌汚染だけでなく、従業員の労働災害（鼻の内部を左右に仕切る鼻中隔に穴があく、ガンを発症するなど）も引き起こした。

カネミ油症事件

一九六八年、カネミ倉庫社製の米ぬか油に、ＰＣＢが混入していたことで起きた食品公害。福岡県をはじめとして西日本で広く発生した。肌

れたり、湖の魚が死んだりする被害が出ました。

工場やコンビナートから排出されるものは、煙だけではありません。廃《はい》水《すい》もその一つです。仮に、廃水そのものを私たちが飲まなくても、その汚染は、様々な形で私たちに影響を与えます。川に排出された廃水は、下流へ流れていき、最終的に海に合流しますが、その水は、地球全体でつながっています。そこには、小魚や貝類、それらをエサにする大きな魚や動物などが生息しています。廃水に含まれている汚染物質は、こういった捕食関係を通じて生物濃縮され、食べた側の体内に蓄積されていきます。最終的には、人間がそういった魚を獲って食べることで、私たちも体内に汚染物質を入れてしまうことになります。いわゆる「食物連鎖《しょくもつれんさ》」で私たちもつながっているわけですが、この典型的な事例は熊本県で発生した水俣病です。

大気や水以外に汚染される場所としては、土壌が挙げられます。土壌汚染の場合、大気や水と違うのは、影響や被害の及ぶ範囲が比較的狭いことです。大気や水は、人工的に線引きされた区画や境界は簡単に飛び越えてしまいますが、土壌は、基本的には、私たちが運ばない限り、その場所か

の異常、手足のしびれなどの症状が出た。色の黒い赤ちゃんも生まれた。

森永ヒ素ミルク事件

一九五五年、森永乳業社製の粉ミルクにヒ素が含まれていたことで起きた。西日本を中心に、一〇〇人以上の乳児が犠牲になり、一万人以上に被害が出た。

三井三池炭鉱爆発事故

一九六三年十一月、三井三池炭鉱の入り口から約五〇〇メートル入ったところで炭じん爆発が起きた。犠牲者は四五〇人以上、一酸化炭素中毒者も多数出した、戦後最悪の労災事故である。

ら動かないからです。まず、農業地においては、農薬や肥料を継続して使用することで汚染が起こります。また、工業地での汚染例としては、六価クロムによる汚染が挙げられます。

戦争

おそらく、化学物質を最悪の形で利用し、最悪の結果をもたらしたものが、化学兵器とアウシュヴィッツのガス室でしょう。化学物質が、人を殺す兵器として初めて登場したのは、第一次世界大戦の時でした。一九一五年四月二十二日、ベルギーのイープルで、ドイツ軍は、フランス軍に対して「塩素ガス」を使って攻撃したのです。その結果、一万四〇〇〇人が中毒にかかり、五〇〇〇人が亡くなりました。その二年後の一九一七年七月十二日には、ドイツ軍は、新たに開発した「マスタードガス（イペリット）」を使用しました。

一九二五年、ジュネーヴ議定書が締結《ていけつ》されました。この議定書では、化学兵器の使用を禁止したものの、開発や生産、保有に関しては禁止していなかったため、それ以後も、各国で研究開発、生産が進められていました。

マスタードガス（イペリット）
からし色でマスタードのような臭いがある毒ガス。兵器として使われた場所がイープルであることから、イペリットとも呼ばれる。皮膚《ひふ》や粘膜をただれさせる。

特に、ナチスドイツは、一九三六年に「タブン」、一九三八年には「サリン」、一九四四年には「ソマン」という化学兵器を開発しました。また、ナチスドイツは、同じく第二次世界大戦中に、アウシュヴィッツのガス室で大勢のユダヤ人を虐殺しました。

その後、一九六〇年から始まったベトナム戦争（一九六〇年～一九七五年）では、アメリカ軍は枯葉剤と呼ばれる農薬を使用しました。これは、直接的に人間を殺すための兵器としてではなく、うっそうと生い茂る木々の中にいるゲリラ兵を見つけやすくするために散布したわけです。その結果、森林や農地が破壊されただけではなく、ベトナムの人たちはもちろん、戦争に参加していたアメリカ兵にも被害が出ました。具体的には、ガンを発病する、奇形児が生まれる、といったものです。

化学兵器は、核兵器よりも簡単に製造でき、コストも安く済みます。そのため、内戦や国際紛争で使用されただけでなく、テロリズムという犯罪行為においても使用されたことがあります。その代表例は、一九九五年三月二十日に、東京で起きた地下鉄サリン事件です。オウム真理教の信者が、朝の通勤ラッシュ時間帯を狙って、日比谷線、丸ノ内線、千代田線の

タブン
サリンやソマンよりは毒性の弱い神経ガス。吸入すると、けいれんや呼吸困難などを引き起こし、窒息死する。

ソマン
体内に入ると、神経の働きを阻害する神経ガス。ドイツの化学者R・クーンが発明した。通常は液体だが、兵器としては、ガス状にして使用する。タブンやサリンよりも毒性が強い。

条約に加盟していない国
エジプト、イスラエル、北朝鮮、南スーダンの四カ国が、未加盟国である（経済産業省「化学兵器禁止条約署名国及び批准国一覧」）。

車内で、猛毒のサリンをまきました。その結果、乗客や駅員ら一三名が犠牲になり、六〇〇〇人以上の重軽傷者が出ました。

一九九七年になって、ハーグ化学兵器禁止条約が締結されました。この条約に加盟していない国もいくつかありますが、これにより、国際的に化学兵器の「開発」、「生産」、「保有」、「使用」が全面禁止となりました。

化学合成品は、私たちの生活を大きく変えました。これらは、私たちにたくさんのプラスの面だけではなく、様々なマイナスの面ももたらしました。それらを簡単に見ていきたいと思います。

医薬品がもたらした「陰」の部分

これまでは、医者が匙《さじ》を投げていた病気も、医薬品の発達によって、あるものは克服できました。そして、完治はしないものの、治療によって寿命を伸ばすことが可能になった病気もあります。しかし、医薬品の利用によって、重い副作用が出る、障害を抱えるといった問題も、これまでに数多く起きています。その代表的な例が、表にも挙げたサリドマイドとスモ

『サリドマイド事件全史』川俣修壽著、緑風出版、二〇一〇年。

ンによる薬害です。

サリドマイドは、一九五七年に当時の西ドイツで発売され、風邪や神経痛、偏頭痛などの治療のために使用されていました。しかし、サリドマイドを服用した妊婦から、手が直接肩につながっている子ども、両手両足が全くない子どもが生まれてくるようになりました。日本でも、西ドイツほど多くはありませんが、三〇〇人以上の被害者が出ました。

一方、スモンは、整腸剤キノホルムが原因となった薬害で、一九五五年頃から被害が出始めました。体のしびれ、視力障害などが主な症状で、全国に約一万人の被害者が出ました。

プラスチックや合成繊維などの石油化学製品がもたらした「陰」の部分

石油由来のプラスチックや合成繊維は、金属やガラスよりも軽く、安全であり、製品の軽量化や小型化にも役立ちました。そのため、次々とプラスチック製品に置き換わっていきました。

プラスチック製品は、廃棄された時に問題になりました。プラスチック製品が、ゴミの埋立地に埋め立て処理されれば、微生物に分解されず、そのまま残ってしまいます。また、焼却場で燃やされた場合であっても、摂氏三〇〇度前後で、不完全燃焼のうちに処理されれば、ダイオキシンという猛毒物質が発生します。

農薬・肥料がもたらした「陰」の部分

農業にとっては、干ばつや大雨といった自然災害だけでなく、農作物の病気を起こす微生物や害虫の存在も大きな問題です。私たちは、もともと、害虫駆除《くじょ》作用や殺菌作用のある「除虫菊《じょちゅうぎく》」や「ボルドー液」といった、自然界に存在する物質を使って対応していました。その後、化学工業の発達によって、人工的に作り出した殺虫剤や殺菌剤を利用できるようになりました。農薬や化学肥料のおかげで、農作物の収穫量も上がりましたが、いくつかの問題も引き起こしました。

まず、散布された農薬や化学肥料は、大気や水や土壌などの自然環境を汚染し、害虫以外の生物や生態系そのものにも、大なり小なり影響を与えました。農薬を使いすぎると、最初は農薬によって退治できていた害虫が徐々に耐性《たいせい》を獲得し、さらに強い農薬が必要になることもありました。ま

除虫菊
和名は、シロバナムショケギク。花に殺虫成分が含まれている。上山英一郎が、その殺虫成分を用いて、一八九〇（明治二十三）年、世界で初めて蚊取り線香を発明し、発売した。

ボルドー液
殺菌剤の一種。十九世紀末に、フランスのボルドー地方でブドウに対して使用され、効果が確認された。

化学肥料
植物が生育するのに必要な、窒素、リン酸、カリウムなどを含む肥料で、工業的に大量生産される。有機肥料に対するもの。

た、化学肥料に頼りすぎたことで土壌が悪化して、逆に収穫量を減らす事態も起こりました。

フロンがもたらした「陰」の部分

正式にはフルオロカーボンと呼ばれるフロンは、一九二八年に発明された化学物質です。炭素とフッ素の化合物で、結合の仕方の違いによって何種類も存在しています。フロンは、「人間だけでなく、他の生物に対しても有害性がない」、「化学的に安定している」、「腐食性がない」、「引火しない」という特徴を持っています。そのため、フロンは、「奇跡の化学物質」と呼ばれ、冷蔵庫の冷媒《れいばい》、洗浄剤、発泡剤、エアゾール噴霧剤など、様々な工業現場や製品に使用されてきました。ところが、フロンは上空にあるオゾン層を破壊し、できたオゾンホールから、生物にとって有害な紫外線が地上に降り注いでくることが分かりました。

化学物質は、私たちの生活を豊かに、快適に、便利にしてくれた一方で、多くの被害や悪影響ももたらしてきました。

Q5 私たちは、どのような化学物質を、どのくらい排出しているのですか？

私たちは、化学物質を利用するだけでなく、使用後には排出や廃棄をしていると思いますが、それらの種類や量について教えてください。

温室効果ガスの排出量

まず、日本の温室効果ガスの排出量から見ていきましょう。表1-3を見てください。

ここ十年間の温室効果ガス排出量の推移です。二〇一四年の温室効果ガス排出量は、一三億六四〇〇万トン（二酸化炭素換算）でした。京都議定書の第一約束期間（二〇〇八年～二〇一二年）の基準年となった、一九九〇年の排出量である一二億七一〇〇万トンを一億トン近く上回っています。率にして、一九九〇年から七・三パーセント増加していることになります。

二〇一五年十一月末から十二月にかけて、フランスのパリで、気候変動枠組条約第二一回締約国会議（COP21）が開催され、パリ協定（Paris

表1－3　温室効果ガスの排出量（2005年～2014年）

年	排出量（トン）
2005	13億9700万
2006	13億7800万
2007	14億1300万
2008	13億2700万
2009	12億5100万
2010	13億0500万
2011	13億5500万
2012	13億9000万
2013	14億0800万
2014	13億6400万

出典：環境省「2014年度　温室効果ガス排出量概要」

Agreement）が採択されました。これにより、気候変動に対する二〇二〇年以降の国際的な枠組みが合意されたことになります（環境省「地球温暖化対策」）。二〇一六年九月末の時点で、ＥＵ理事会が批准《ひじゅん》することを承認し、十一月にも発効することになりました（時事通信「パリ協定、十一月発効へ」）。

日本は、二〇一五年七月に、今後の温室効果ガスの排出量削減目標を決定しました。二〇三〇年度に、温室効果ガスの排出量を、約一〇億四二〇〇万トンまで減らすというものです。この排出量は、二〇〇五年度と比べると二五・四パーセントの削減になり、二〇一三年度と比べると二六・〇パーセントの削減になります（地球温暖化対策推進本部「日本の約束草案」）。ただし、太陽光、地熱などの代替エネルギーを大きく発展させていくのではなく、原子力発電所の再稼働が前提となっている点は、問題だと言えるでしょう。

環境汚染物質　事業者からの排出量

次に、代表的な環境汚染物質の排出量を見ていきたいと思います。ここ

温室効果ガス

地球温暖化に大きな影響を与えると考えられる化学物質の総称。二酸化炭素、一酸化窒素（亜酸化窒素）、メタン、ハイドロフルオロカーボン類（ＨＦＣｓ）、パーフルオロカーボン類（ＰＦＣｓ）、六フッ化硫黄の合計六種類。

で言う「環境汚染物質」とは、環境中に広く継続的に存在すると認められる化学物質で、なおかつ、

・人類の健康や動植物の生存などに悪影響を及ぼす可能性のある化学物質

・自然の状況で化学変化を起こし、有害性を持った化学物質に変化しやすいもの

・オゾン層破壊など、環境に悪影響を及ぼす化学物質

という三つの条件のいずれかに当てはまるものを意味し、四六二種類の化学物質が指定されています。二〇一六年七月の時点で最新のデータである二〇一四年度の排出量は、表1-4のとおり、約一五万九〇〇〇トンでした。

温室効果ガスの排出量と比べると少ないですが、即座に安心であるとは言えません。温室効果ガスと呼ばれる六種類の物質は、私たちにとって直接的な有害物質ではないけれども、気候変動に大きな影響を与えうるものです。一方、四六二種類の環境汚染物質には、発ガン性があるなど、私たちにとって有害だとされる化学物質もたくさん含まれていますから、少な

表1－4　環境汚染物質の排出量（2014年度）

排出の場所	排出量（Kg）
大気への排出	143,894,618
公共用水域への排出	7,256,854
事業所内の土壌への排出	1,495
事業所内への埋め立て	7,868,420
合計	159,021,387

出典：環境省「集計表1　全国の届出排出量・移動量」

ければ少ないほど良いのです。

環境汚染物質が、どこに排出されているかの内訳を見ると、大気への排出量が約一四万三八〇〇トンで、九〇パーセント強を占めていることが分かります。

環境汚染物質　家庭からの排出量

日常生活を送る分には、それほど意識しないかもしれませんが、事業者だけでなく、私たちも環境汚染物質を排出しています。同じく二〇一四年度のデータによると、家庭からの環境汚染物質排出量は、約四万五六〇〇トンだったと推計されています（環境省「全国の届出外排出量」）。先に見た事業者からの排出量の約二九パーセントです。

この約四万五六〇〇トンという数字は、四六二種類の環境汚染物質の排出量を合計したものです。では、家庭から排出される環境汚染物質には、どのようなものがあるのでしょうか。表1‐5を見てください。

上位の一〇物質だけで、約四万二〇〇〇トンを超えており、家庭から排出される環境汚染物質の九二パーセント以上を占めています。「私は、こ

表1－5　家庭からの排出量上位10物質とその排出量

物質名	排出量（Kg）
ポリ（オキシエチレン）＝アルキルエーテル	17,422,597
ジクロロベンゼン	8,666,843
直鎖アルキルベンゼンスルホン酸及びその塩	7,324,229
ポリ（オキシエチレン）＝ドデシルエーテル硫酸エステルナトリウム	2,764,154
ドデシル硫酸ナトリウム	1,815,966
2-アミノエタノール	1,388,949
トルエン	939,132
キシレン	735,244
N,N-ジメチルドデシルアミン＝N-オキシド	531,192
HCFC-141b	506,356
合計	42,094,662

出典：環境省「全国の届出外排出量」

のような環境汚染物質の名前すら知らないし、排出したおぼえもない」と思った方、ちょっと待ってください。

運転免許を持っていなくても、自動車を持っていなくても、自動車に乗ってどこかへ行ったことはあると思います。最近は、ハイブリッド自動車、電気自動車、燃料電池自動車なども出てきましたが、まだまだガソリン車も多く走っています。ガソリン車の出す排気ガスには、「トルエン」や「キシレン」が含まれています。

現在の日本は、においに敏感な社会になっていて、消臭剤のCMも盛んに流れています。消臭剤には「ジクロロベンゼン」が含有されています。また、大切な衣服を守るために防虫剤を使う方もいると思いますが、防虫剤にも「ジクロロベンゼン」が使われています。

外出する前に化粧をする女性も多いでしょう。化粧品には、「ポリ（オキシエチレン）＝アルキルエーテル」という物質も使用されています。また、歯磨き粉やシャンプーには、「ポリ（オキシエチレン）＝ドデシルエーテル硫酸エステルナトリウム」や「ドデシル硫酸ナトリウム」、「N、N-ジメチルドデシルアミン＝N-オキシド」が使われています。

消臭剤

防虫剤

家事をこなす時には、多かれ少なかれ洗剤が必要となります。台所用洗剤や洗濯用洗剤には、「ポリ（オキシエチレン）＝アルキルエーテル」、「直鎖アルキルベンゼンスルホン酸及びその塩」、「N、N-ジメチルドデシルアミン＝N-オキシド」、「2-アミノエタノール」などの物質が使われています。

そして、住宅の断熱材に「ＨＣＦＣ-１４１ｂ」が使われていることもあります。

このように、化学を専攻していなければ、馴染《なじ》みのない物質名も多いでしょうが、ここに挙げた製品の多くは、使ったことがあると思います。つまり、化学物質の名前は知らなくても、私たちは、製品を利用することで、環境汚染物質を排出しているのです。

化粧品

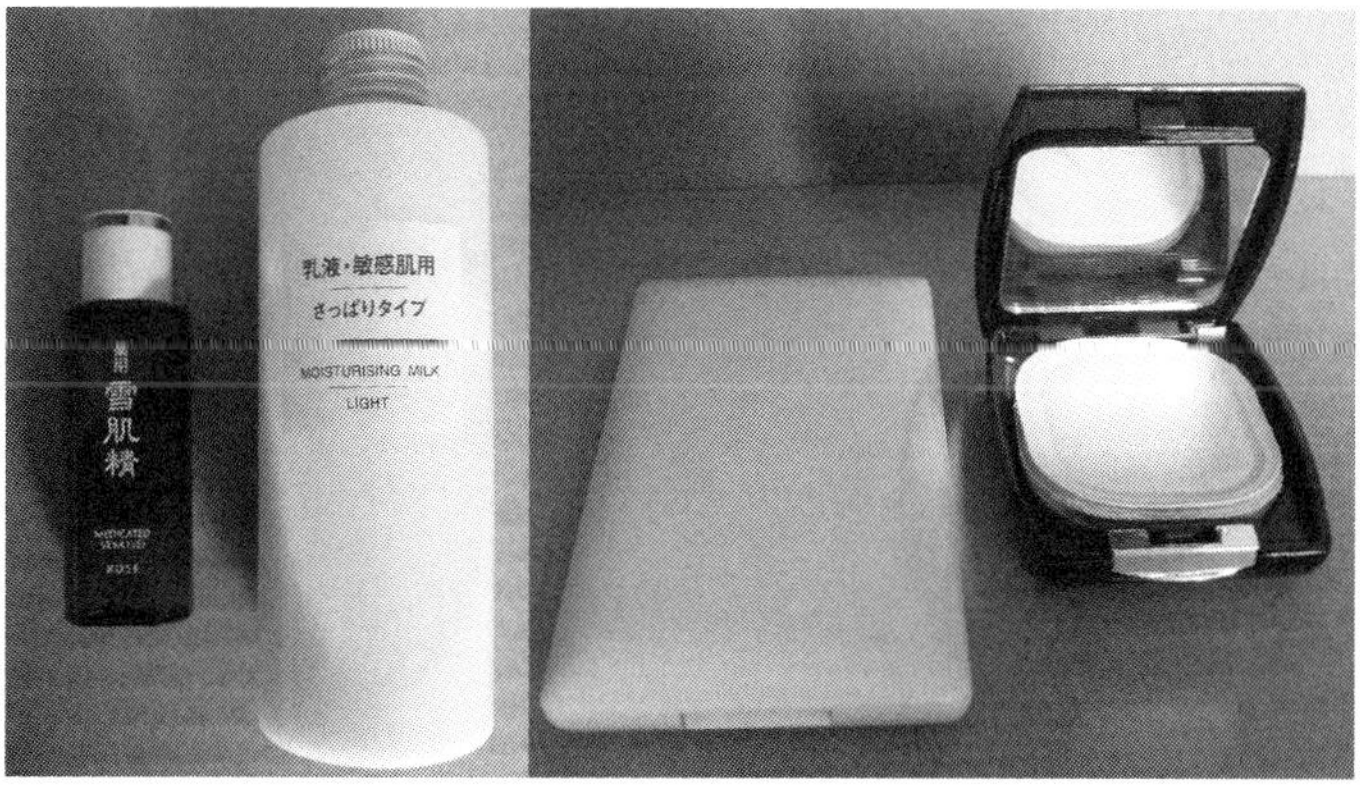

Q6 化学物質の規制や管理は、どのようにおこなわれているのですか?

現在、たくさんの化学物質、化学物質由来の製品がありますが、これらを規制・管理する取り組みや法律について教えてください。

世界が抱える問題は、頻発《ひんぱつ》するテロリズム、富裕層と貧困層の格差問題、環境問題などたくさんあります。環境問題と言っても、一種類だけでなく、気候変動の問題、熱帯雨林伐採《ばっさい》による砂漠化の問題、海洋汚染の問題など多岐にわたっています。化学物質に関する問題も、その一つと考えられます。

化学物質管理に関する国際的な取り組み

二〇一六年、オリンピックとパラリンピックがおこなわれたブラジルのリオデジャネイロで、一九九二年六月に、国連環境開発会議(地球サミット)が開催されました。地球サミットで採択された「アジェンダ21」の

地球サミット
　ブラジルが誘致して一九九二年六月にリオデジャネイロで開催された「環境と開発に関する国連会議」(国

第十九章において、有害化学物質の管理について述べられています。その後、経済協力開発機構（ＯＥＣＤ）は、加盟国に対し、化学物質管理に関する制度を導入するよう勧告しました。

二〇〇二年には、「持続可能な開発に関する世界首脳会議」において、「二〇二〇年までに、化学物質がもたらす悪影響を最小限にする」ことに合意しました。その目標を達成するため、欧州では、「予防原則（Precautionary Principle）」にまで踏み込む取り組みを開始しました。この考え方は、「安全が証明できないのであれば、市場に出さない（No Safety, No Market.）」という厳しいものです。

そして、二〇〇七年からは、その取り組みの一つの形である「化学物質の登録、評価、認可及び制限に関する規則（Registration Evaluation Authorization and Restriction of Chemicals 以下、ＲＥＡＣＨ）」を導入しました。ＲＥＡＣＨでは、これまで政府が担ってきた製品のリスク評価を、事業者側がおこなうことになります。つまり、製品の安全性を、事業者が証明しなくてはいけないのです。ＲＥＡＣＨは、欧州各国だけでなく、欧州各国と貿易をおこなう国々にも影響を与えます。ＲＥＡＣＨの基準に適合した

連環境開発会議。略称・地球サミット）の開会式。一九九二年六月三日、写す。（REUTERS SUN）
『世界の環境問題　六巻』川名英之著、緑風出版、二〇一〇年、二八三頁より。

製品でないと、市場に参加することができないからです。

このように、近年の化学物質のリスク管理は、「予防」の考え方が重要な基本コンセプトになってきています。

化学物質管理に関する日本国内の取り組み

第二次世界大戦後、日本は他国も驚くようなスピードで復興を成し遂《と》げました。戦後約十年で、「もはや戦後ではない」と言われ、高度経済成長期に入っていきます。また、戦後二十年も経《た》たないうちに東京オリンピックを開催しました。そのような華々しい復興・発展の一方で、私たちは深刻な公害問題に直面しました。年表1 - 1を見てください。目に見える形での異変や被害が明らかになってから、それに対応するための法律が制定されてきました。

化学物質管理という面での取り組みは、一九九六年二月にOECDが出した「化学物質管理制度の導入勧告」を受けて、本格的に始まりました。まず、一九九九年七月に、「特定化学物質の環境への排出量の把握等及び管理の改善の促進に関する法律（PRTR法、化管法などと略されます）」が

年表1－1　公害の発生とそれに対応する法律の制定時期

発生した公害	年	制定された法律
イタイイタイ病の発見（富山県）	1955	
水俣病の発生（熊本県）	1956	
江戸川漁業被害（東京都）	1958	工場排水等の規制に関する法律
四日市ぜんそくの発生（三重県）	1961	
	1962	ばい煙の排出の規制に関する法律
第二水俣病の発生（新潟県）	1964	
	1967	公害対策基本法
カネミ油症事件（福岡県）	1968	大気汚染防止法
	1970	水質汚濁防止法
	1973	化学物質の審査及び製造等の規制に関する法律（化審法）

成立しました。この法律は、指定された環境汚染化学物質の、環境中への排出量と移動量を把握するために制定されました。このＰＲＴＲ制度は、二〇〇一年から運用がスタートしました。

その後、「二〇〇二年の世界首脳会議での合意」、「欧州のＲＥＡＣＨ」へ対応するため、運用状況をもとに、ＰＲＴＲ制度も改正されました。そして、改正された「ＰＲＴＲ制度」と「化学物質の審査及び製造等の規制に関する法律（化審法）」を、日本の化学物質管理の二本柱として運用していくことになりました。

現在は、次頁の図１-１にあるように、数多くの法律で広い領域をカバーしています。

化学物質の審査及び製造等の規制に関する法律

新しい化学物質について、化学物質の性質（毒性、蓄積性、分解性など）を、製造されたり輸入されたりする前に審査する制度。その性質に応じて、製造、輸入、使用についての規制をおこなう。

カネミ油症事件を扱った書籍

『カネミ油症　過去・現在・未来』カネミ油症被害者支援センター（ＹＳＣ）編著、緑風出版、二〇〇六年。

図1—1　化学物質に関する主な法律

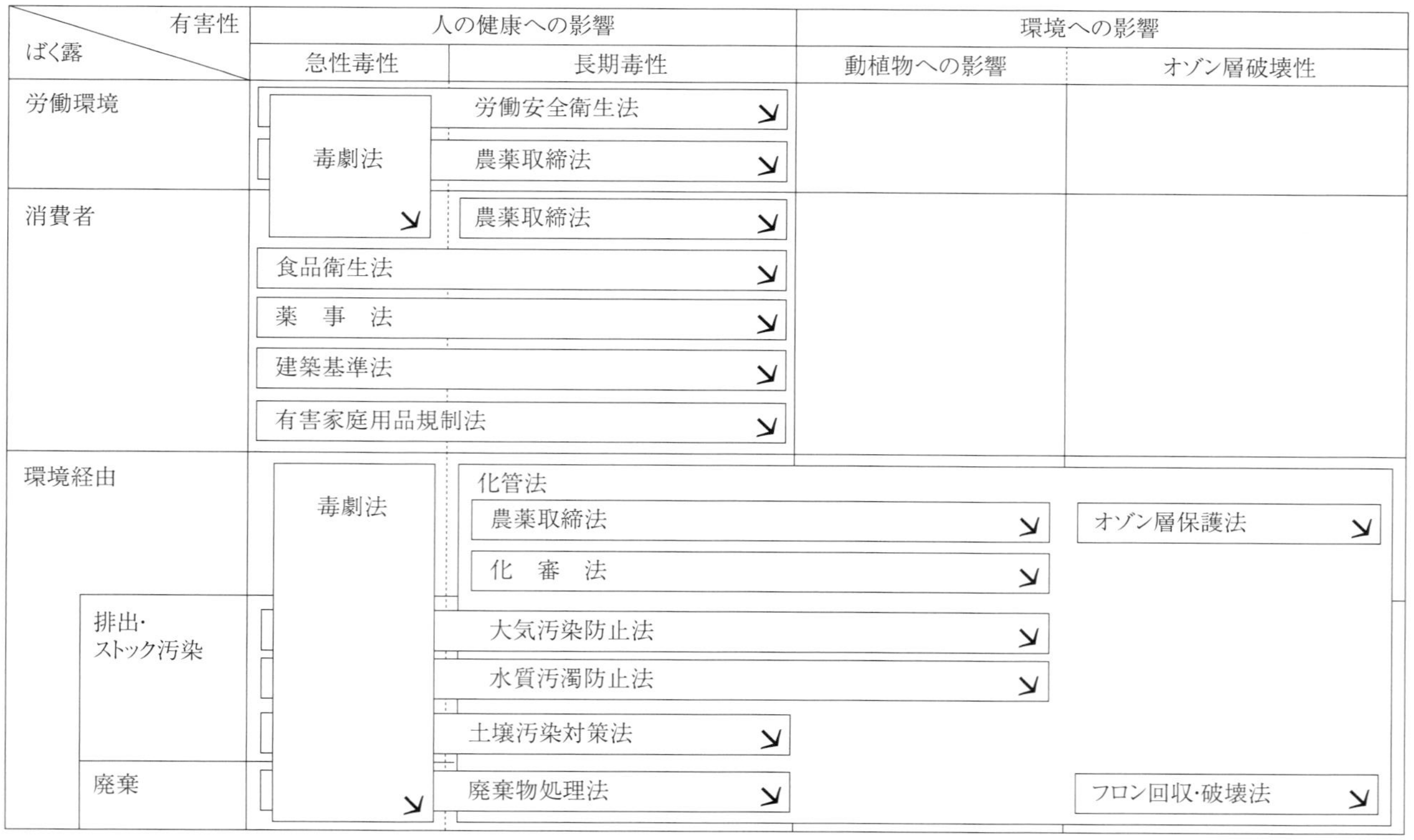

出典：環境省ケミココ（http://www.chemicoco.go.jp/laws.html）

プロブレムQ&A

II

化学災害に注意するべき化学物質

Q7 私たちにとって身近な危険物とは、どのようなものですか？

私たちの身の回りには、私たちの安全を脅かすものが数多くあります。具体的な状況ごとに、どのようなものが危険物と判断されるのか教えてください。

私たちが日常生活の中で、常識的に「危険だ」と認識し、危険物扱いされているものは数多くあります。ただ、それは、個々の法律で危険物に指定されているものと、完全に一致しているわけではありません。

ここでは、「ゴミとして収集される危険物」、「宅配を依頼できない危険物」、「公共交通機関への持ち込みが禁止されている危険物」の三つについて取り上げたいと思います。どのようなものが共通していて、どのようなものが違うのか、という部分に注目しながら見ていきましょう。

ゴミとして収集される危険物

収集日や収集回数に違いはありますが、皆さんの暮らす地域でも、ゴミの収集がおこなわれているでしょう。各自治体のホームページを見てみると、「危険物」、「危険ゴミ」、「有害ゴミ」などと呼ばれています。実際に、どのようなものが、危険ゴミや有害ゴミとして収集されているのでしょうか。まず、インターネットで「危険ゴミ」と検索し、上位に出てきたいくつかの自治体の中から、危険ゴミや有害ゴミとして収集されている主なものを表2-1にまとめました。

割れたガラス製品類も、ケガをする危険性が高いものだと思われますが、危険ゴミや有害ゴミとして収集されてはいないようです。燃えないゴミとして、もしくは、資源ゴミとして収集されています。

ゴミの分類は、自治体ごとに異なります。皆さんの暮らす自治体のルールにしたがわないと、ゴミ収集者のケガ、収集車の爆発や火災につながるおそれがあります。ゴミの分類や出し方を、前もって確認してください。

公共交通機関への持ち込みが禁止されている危険物

皆さんは、自分用のオートバイや自動車を持っていたとしても、バスや鉄道、飛行機などの公共交通機関を利用することがあるでしょう。その

表2-1　危険ゴミ、有害ゴミとして収集されている主なもの

乾電池
ライター
蛍光管
電球
水銀体温計
温度計
スプレー缶
カートリッジ式ボンベ
鏡
刃物類（カッター、ナイフ、カミソリ、ノコギリ、はさみ、包丁など）
先の尖ったもの（釘、針、画びょうなど）
電気コード（プラグ部分は除く）

出典：各自治体のゴミ分類ページより筆者作成

際、車内や機内に危険物を持ち込まないように呼びかける表示や放送に気づくと思います。何の持ち込みが禁止されているのか、交通機関ごとにまとめた表2‐2を見てください。

バスの場合、道路運送法に基づいて定められた、旅客自動車運送事業運輸規則の第五二条に、乗客が持ち込んではいけない物品が挙げてあります。

鉄道の場合、鉄道営業法の第三一条に、危険物の持ち込み禁止と罰則について定められています。この法律は、もともと一九〇〇（明治三十三）年に制定されたもので、条文では、火薬類など爆発を起こす危険性のあるものが禁止されています。これを受け、鉄道各社は旅客営業規則を定めており、列車内に持ち込んではいけないものを細かく指定しています（JR東日本旅客営業規則「第一〇章　手回り品」／「別表第四号　危険品」）。

飛行機での爆発物等の輸送禁止について定めているのが、航空法の第八六条です。そして、航空法施行規則の第一九四条に、機内への持ち込み禁止物品が挙げられています。

これらの中には、専門家しか使わない、または、持ち込めないような

表2－2　公共交通機関内に持ち込んではいけない主なもの

公共交通機関	持ち込んではいけない主な物品
バス	火薬類／100グラムを超える花火／引火性の液体（灯油、軽油など）／100グラムを超えるフィルムやセルロイド類／放射性物質／高圧ガス／500グラムを超えるマッチ／乾電池以外の電池
鉄道	火薬類／高圧ガス／重量が3キログラムを超えるマッチ／可燃性の液体／可燃性の固体／0.5リットルを超える塩酸や硝酸、硫酸など／放射性物質／300グラムを超えるセルロイド類／農薬取締法の適用を受ける農薬／使用できる形の暖炉やコンロ／臭気などで他の旅客に迷惑をかけるおそれのあるもの／車両を破損するおそれのあるもの
飛行機	火薬類（花火、クラッカー、弾薬など）／高圧ガス（スプレー缶、キャンプ用ガスなど）／引火性の液体（ライター用オイル、ペイントなど）／可燃性物質（マッチ、炭など）／酸化性物質（漂白剤、小型酸素発生器など）／毒物類（農薬、殺虫剤、医療系廃棄物など）／放射性物質／腐食性物質（液体バッテリー、水銀など）／その他の有害性物質（エンジンなど）／凶器（鉄砲、刀剣など）

出典：旅客自動車運送事業運輸規則、JR東日本旅客営業規則、航空法施行規則をもとに筆者作成

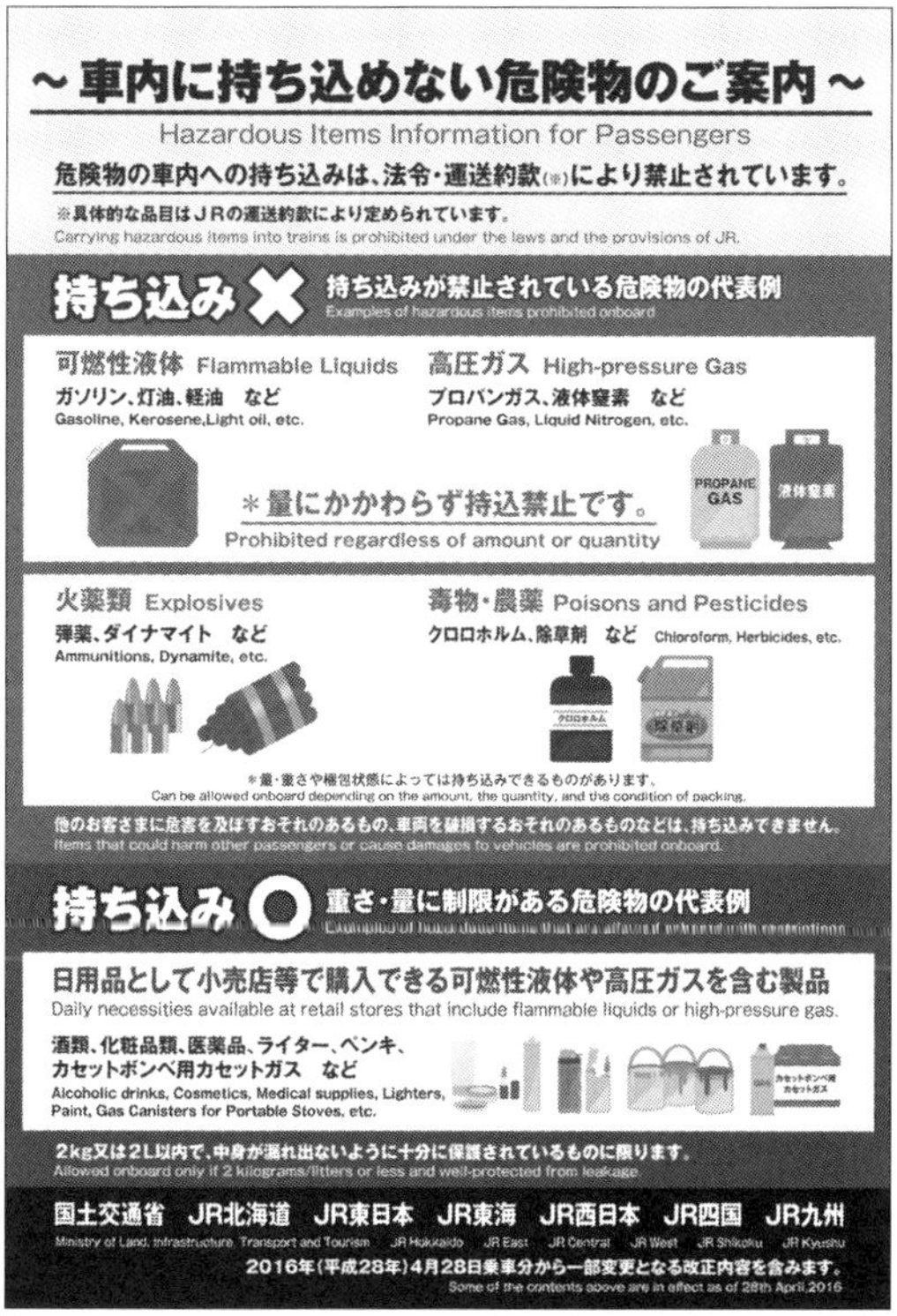

列車内に持ち込めない危険物
JR東海（http://railway.jr-central.co.jp/ticket-rule/_pdf/kiken.pdf）

物品もありますが、私たちが普段の生活の中で利用している物も多いのです。これまでの利用時には、特に意識せず、悪意もないまま、公共交通機関内に持ち込んでしまっていたケースもあるかもしれません。先にも述べましたが、この表に挙げたのは、あくまでも主な物品であり、全てではありません。また、数量や荷造りの方法によっては、禁止されない場合もあります。

特に、飛行機の場合は、国内空港だけでなく、外国の空港をも結んでいます。持ち込み禁止物品や数量を、さらに厳しく規定している航空会社もあるようなので、ぜひ、利用前に規則を確認してください。

郵送や宅配を依頼できない危険物

インターネットの発達に伴って、ネットショッピングの利用者も多くなりました。「住んでいる場所」や「今の時間」に全く関係なく、国内外のショップを利用できます。買った品物は、自分で運ばなくても家に届くわけですから、重さも気にする必要はありません。

ショッピングの場合、皆さんは荷物を受け取る側ですが、荷物を送る側

宅配便

二〇一五年度に宅配便事業者が取り扱った荷物の数は、三七億四四九三万個であった。前年度から一億三一一四万個増えた（国土交通省「平成二十七年度　宅配便取扱実績について」）。単純計算で、私たち一人あたり、一年間に二九個以上の荷物をやり取りしたことになる。

として宅配便を利用したこともあると思います。宛先《あてさき》や自分の住所、氏名を記入する伝票の裏に書いてある「注意事項」を見たことはありますか。ここには、取り扱いに注意すべき品物が並んでいます。宅配業界最大手のヤマト運輸を例にとり、宅配を依頼する時に注意が必要な物品を表2-3にまとめました。

ここまでのリストに挙がっている物品の多くは、私たちの身の回りにあるものです。そのようなものの中にも、梱包《こんぽう》し、自動車、鉄道、飛行機などに積載して運ぶのは危険だという物品がたくさんあることが分かります。

表2－3　ヤマト運輸へ宅配を依頼する際に注意を必要とする主なもの

	該当する物品
飛行機に積載して運ぶことはできないが、宅配便として送ることが可能	可燃性物質（マッチ、炭、ワックスなど） 毒物類（殺虫剤、農薬など） 酸化性物質（小型酸素発生器、漂白剤など） 腐食性物質（水銀） 高圧ガス（ライター用補充ガス、カセットコンロ用ガス、キャンプ用ガス、スプレー缶、消火器、ガスライターなど） 引火性の液体（オイルタンク式ライター、ペイント類、印刷用インク、アルコール、接着剤など） その他の有害物（エンジン、磁石、香水、マニキュア、除光液など）
飛行機を使って送る時には事前申告が必要	パソコン、携帯電話、デジタルカメラ、ゲーム機、ドライアイス
取り扱ってもらえない	毒物および劇物類 腐食性物質（バッテリー） 高圧ガス（ガスボンベ、ダイビング用ボンベなど） 引火性の液体（オイルライター用燃料、ガソリン、シンナー、灯油など） 火薬類（花火、クラッカー、弾薬など） 銃砲や刀剣

出典：ヤマト運輸ホームページ、宅急便用伝票より筆者作成

Q8 「消防法上の」危険物には、どのような物質が含まれるのですか？

身の回りにある危険物と、消防法という法律で指定されている危険物には、どのような違いがあるのか、具体的に教えてください。

ここで、わざわざカッコをつけて「消防法上の」危険物としているのは、理由があります。Ｑ７で見たような、危険物という言葉から私たちがイメージするものと、消防法で指定されている危険物には、異なる部分があるからです。

消防法上の危険物とは

消防法は、「火災を予防すること」、「国民の生命や財産を、火災から守ること」、「地震などによる被害をも軽減すること」などを目的に、一九四八年に制定された法律です。

消防法において、危険物とは、

・火災発生の危険性が大きい
・火災が発生した場合に、その拡大の危険性が大きい
・火災の際、消火が困難である

といった特徴を持つ物質のことを言います。「消防法上の」危険物は、人間や他の動植物、生態系への有害性や毒性という危険性よりも、火災や爆発の危険性の方が重視されていることが分かります。

「消防法上の」危険物は、物質の性質によって、第一類から第六類に細かく分けられています。各類の性質や特徴をまとめた表2‐4を見ていただくと分かるように、「消防法上の」危険物は、固体と液体である点が大きな特徴です。

また、火災の危険性が高い物質は、大きく「可燃物」と「支燃物《しねんぶつ》」の二種類に分類できます。「可燃物」というのは、「可燃ゴミ＝燃えるゴミ」からも分かる

表2－4　消防法における危険物

類	性質	特徴	代表的な物質
第1類	酸化性固体	その物質自体は燃えないが、他の物質を酸化させ、可燃物の燃焼を促進する固体	塩素酸ナトリウム、硝酸カリウム、硝酸アンモニウムなど
第2類	可燃性固体	着火しやすい固体、または、摂氏40℃未満の低温で引火しやすい固体	赤りん、硫黄、鉄粉、マグネシウム、固形アルコールなど
第3類	自然発火性物質および禁水性物質	空気中で自然に発火する固体または液体、および、水と接触すると、発火する固体または液体	黄りん、ナトリウム、カリウム、アルキルアルミニウムなど
第4類	引火性物質	引火しやすい液体	ガソリン、灯油、軽油、メタノールなど
第5類	自己反応性物質	酸素のない状況下でも、その物質自体が熱を発生したり、爆発的に反応が進んだりすることで、自ら燃焼できる固体または液体	ニトログリセリン、ヒドロキシルアミン、トリニトロトルエンなど
第6類	酸化性液体	その物質自体は燃焼しないが、他の可燃物の燃焼を促進する液体	過塩素酸、過酸化水素、硝酸など

出典：図解でわかる危険物取扱者講座／e-危険物.com／総務省消防庁『平成28年版　消防白書』より筆者作成

通り、それ自体が燃えやすい性質を持つ物質のことです。この表の第二類から第五類までが「可燃物」に分類されます。一方、「支燃物」というのは、その物質自体は不燃性ですが、酸素供給源として、燃焼を促進させる働きがあります。この表の第一類と第六類が「支燃物」にあたります（図解でわかる危険物取扱者講座）。

危険物取扱者

「消防法上の」危険物は、誰でも自由に取り扱うことができるわけではありません。危険物の定義の部分でも述べたように、一歩間違えば大きな事故や災害につながる物質です。したがって、危険物を扱うには、国家資格である「危険物取扱者試験」に合格している必要があります。この試験には、「甲種」、「乙種」、「丙種」の三種類があり、どの試験に合格しているかによって、取り扱うことのできる危険物の種類も異なっています。

二〇一六年三月三十一日の時点で、危険物取扱者試験の合格者は、累計《るいけい》で九一三万七〇二二人にのぼります（総務省消防庁『平成二十八年版　消防白書』）。

「甲種」、「乙種」、「丙種」

「甲種」の試験に合格していれば、カテゴリー第一類から第六類まで、全ての危険物を取り扱うことができる。「乙種」の試験に合格した人は、第一類から第六類まであるカテゴリーの中で、取得した類に含まれる危険物を取り扱うことができる。そして、「丙種」の試験に合格した人は、第四類に分類された危険物のうち、指定された危険物のみ取り扱える。

Q9 私たちにとって身近な毒物とは、どのようなものですか?

そもそも「毒」とは、どのような概念なのですか? また、私たちの身近なところには、どのような毒物があるのか教えてください。

毒と薬

十六世紀の医者、化学者であるパラケルススは「全ての物質は毒であって、その量が、薬となるか、毒となるかを決定する」と言いました。一般的に、私たちに対して良い影響を与えるものを「薬」と呼び、悪い影響を与えるものを「毒」と呼びます。しかし、それは、量の違いでしかないというのです。つまり、体に良いものであっても、度を超えてしまえば、悪影響が出て、最悪の場合は生命を落とすこともあるということです。

身近なところにある毒

私たちが生きていくためには、様々な栄養素を摂取《せっしゅ》しなくてはなりませ

量の違い

例えば、私たちの生命を維持《いじ》するのに欠かせない「水」もそうである。毎年夏になると、水分を補給《ほきゅう》して熱中症を防ぐことを推奨《すいしょう》される。しかし、汗をそれほどかいていないのに、大量の水を摂取《せっしゅ》すると、血液の濃度が薄くなって、低ナトリウム血症《けっしょう》になり、最悪の場合、死にいたることもある。

ん。農業が導入される前は、なかなか定住ができず、植物や動物を求めては移動する時代が続いていました。植物、魚介類、動物には毒を持つものもあります。私たちの祖先は、それらを観察し、手に取り、口にし、時には中毒になったり、生命を落としたりしながら、安全なものと危険なものを選別してきました。私たちの身の回りには、どのような毒物があるのでしょうか。

表２‐５に、私たちに身近な毒の代表的なものを、簡単にまとめました。毒は、自然界に存在する「自然毒」と、私たちが作り出した「人工毒」とに分けられます。自然毒は、さらに「微生物」が持つ毒、「植物・キノコ類」が持つ毒、「魚介類」が持つ毒、「動物」が持つ毒、「鉱物」が持つ毒に分けられます。私たちの身近なところには、人工毒よりも自然毒の数の方が多いのです。

毒の強さ

表２‐５で、様々な種類の毒を挙げてきましたが、一番強い毒は微生物ボツリヌス菌の持つボツリヌストキシンです。ボツリヌス菌のＬＤ50は、

表２－５　身近なところにある毒

自然毒	微生物毒	ボツリヌス菌、サルモネラ菌、破傷風菌《はしょうふう》
	植物・キノコ毒	トリカブト、キョウチクトウ、トウゴマ、毒キノコ（カエンタケ、ツキヨタケ、ドクツルタケ）
	魚介類毒	フグ、ヒョウモンダコ、カツオノエボシ（くらげ）
	動物毒	コブラ、マムシ、ハブ、ハチ、サソリ、セアカゴケグモ
	鉱物毒	ヒ素、水銀、カドミウム、鉛
人工毒		農薬、塩素ガス、サリン、ソマン、ダイオキシン

出典：齋藤勝裕『毒の科学』／五十君靜信『毒のきほん』／田中真知『へんな毒すごい毒』

体重一キログラムに対して、わずか〇・〇〇〇五ミリグラムです。体重が六〇キログラムの人ならば、その六〇倍である〇・〇三ミリグラムで死ぬということになります。人工的に作り出した化学兵器の一種、サリンのLD50は、体重一キログラムに対して〇・三五ミリグラムです。サリンは猛毒の兵器ですが、毒性の強さで見ると、ボツリヌス菌の七〇〇分の一しかありません。いかに、ボツリヌス菌の毒性が強いものかが分かります。

毒への曝露《ばくろ》

私たちは、毒物にどのように曝《さら》されるのでしょうか。J. A. Timbrell は、以下の五つに分類しています（『毒性学入門』）。

まず、私たちが自ら進んで毒物を体内に取り込む「意図的摂取」です。代表的なものは、医薬品です。

次に挙げられているのは、ある職に従事していることによって、毒物を体内に取り込んでしまう「職業的曝露」です。その職を辞めない限りその毒物に接し続けるので、長期的な曝露になりがちです。アスベストを扱う工場に勤めていた従業員が、中皮腫《ちゅうひしゅ》という病気を患《わずら》い、大きく取り上げら

LD50
LDは、Lethal Dose の頭文字で、致死量の意味。50は、五〇パーセントの意味。物質を投与された実験動物の半数が死亡するのに必要な物質の量。値が小さいほど、毒性が強い。

中皮腫
アスベスト（石綿）の粉じんを吸い込むことが原因で発症するガンの一種。吸い込んですぐに病気になるわけではなく、三十〜四十年近く経ってから発症することが多い。

れました。これは、職業的曝露の代表的な例と言えるでしょう。

第三に、大気、水などから取り込む「環境曝露」です。工場などから環境中に毒物が排出されている間は曝露が続くので、この場合も長期的、慢性的な曝露になりがちです。

第四に、事故が起こった時の「事故による中毒」です。医薬品の過剰摂取や、農薬の誤飲《ごいん》など、急性的な曝露が多いです。

最後に挙げられているのは、他人、もしくは、自分に対し毒物を与える「意図的施毒」です。毒殺事件や服毒自殺が、代表的な例です。

このように、私たちは様々な形で、短期的に、そして、長期的に、毒物に曝されうる環境にいるのです。

Q10 「毒物及び劇物取締法上の」毒物や劇物とは、どのようなものですか？

毒物及び劇物取締法で指定されている毒物や劇物には、どんなものがありますか？　また、私たちの身の回りにある毒物とは、どう違うのか教えてください。

「毒物及び劇物取締法上の」とカッコのついた毒物や劇物は、「消防法上の」危険物と同じように、かなり限定されています。

毒物及び劇物取締法とは

毒物及び劇物取締法（毒劇法）は、保健衛生上の見地から、指定した化学物質の取り扱いなどを規制するために、一九五〇年に制定されました。化学物質は、工業製品、農薬、医薬品、日用品など多くの分野で利用されています。その中には、体内に吸い込んだり、接触したりすると中毒を引き起こす急性毒性を示す物質があります。そのような特徴を持つ物質を、毒物や劇物に指定して規制しています。毒劇法の毒物・劇物は、「医薬品

急性毒性
一回の曝露によって現れてくる毒性作用のこと。対義語は慢性毒性。

（毒薬や劇薬を含む）」と「医薬部外品（医薬品よりも作用が穏やかなもの）」以外の化学物質から選ばれています。

特定毒物・毒物・劇物

毒劇法では、具体的に、どのようなものが毒物や劇物に指定されているのでしょうか。表2‐6を見てください。毒物や劇物の判定基準の概略《がいりゃく》と、物質名を挙げました。

毒物に分類された物質の中でも、特に強い毒性を示す一〇種類の物質は、「特定毒物」に指定されています。毒性の強さで比較すると、劇物の方が毒物より弱いことが分かります。

もっと身近なところにもある毒物や劇物

先の、毒物や劇物の例を見て、皆さんもお気づきになったかもしれません。以前通っていた、もしくは、現在通っている学校にも、毒物や劇物があるはずだということに。理科室で様々な実験をおこなった経験があると思いますが、その時には「消防法上の」危険物も、「毒物及び劇物取締法

表2－6　毒物や劇物の判定基準

	判定基準	物質の例
毒物	経口曝露の時、LD_{50}が50mg/kg以下のもの 経皮曝露の時、LD_{50}が200mg/kg以下のもの	クラーレ、水銀、ニコチン、ヒ素、フッ化水素など
劇物	経口曝露の時、LD_{50}が50mg/kgを超え300mg/kg以下のもの 経皮曝露の時、LD_{50}が200mg/kgを超え1,000mg/kg以下のもの	アンモニア、塩化水素、過酸化水素、カリウム、クロロホルム、硝酸、ナトリウム、ホルムアルデヒド、メタノール、硫酸など

出典：『毒物及び劇物取締法解説　第39版』

上の」毒物や劇物も使っているのです。

小中学校よりも高等学校、そして大学や研究所の方が、学習や研究の内容が専門的になるので、取り扱う毒物や劇物の種類や量は多くなります。こういった毒物や劇物などは、授業や実験で使用する時だけ理科室にあるわけではありません。必要な時にのみに購入し、保管量をできるだけ少なくする取り組みもなされていますが、私たちに身近な教育機関でも、毒物や劇物を保管しているのです。

毒物や劇物の紛失や盗難から、何らかの事故や犯罪につながることだけでなく、化学災害発生の危険性があることも同様に問題なのです。毒物や劇物を保管している場所が多いということは、化学災害の起こる可能性もそれだけ高まるということを意味するからです。Q1の事例四で見たように、大学で、実験中に事故が発生することもあります。したがって、私たちが暮らす市区町村内にある学校でも、化学災害が起こる可能性がゼロではないということを意識しておくことも重要です。

経口曝露

口から物質を摂取することによる曝露のこと。

経皮曝露

皮膚に触れることによる曝露のこと。

Q11 高圧ガスとは、どのようなものですか？

どのようなものが、高圧ガスと呼ばれているのですか？　また、高圧ガスに関する法律や規則には、どのようなものがあるのかについても教えてください。

高圧ガス保安法

高圧ガスについては、高圧ガス保安法で定められています。この法律は、もともと、一九五一年に高圧ガス取締法という名前で制定されました。高圧ガスによる災害を防止するため、製造、貯蔵、販売、移動、取り扱い、消費、そして、容器の製造や取り扱いについて規制しています。

高圧ガスとは

高圧ガス保安法の第二条で、高圧ガスとはどのようなものか定義しています。

「アセチレンガス以外の圧縮ガス」

アセチレン
　無色で可燃性の気体。燃焼時には高温になるので、鉄の溶接や切断に使われるほか、合成樹脂、合成繊維などの原料としても利用される。

常用の温度において、または、温度が摂氏三五度の時に、圧力が一メガパスカル以上となる圧縮ガス。

「圧縮アセチレンガス」

常用の温度において、または、温度が摂氏一五度の時に、圧力が〇・二メガパスカル以上となる圧縮アセチレンガス。

「液化ガス」

常用の温度において、または、摂氏三五度以下の環境で、圧力が〇・二メガパスカル以上となる液化ガス。

「政令で指定された液化ガス」

液化シアン化水素、液化ブロムメチル、液化酸化エチレン。

普段生活しているときには意識しませんが、私たちは、大気から圧力を受けています。一平方センチメートル（縦：一センチメートル×横：一センチメートルの面積）当たり一キログラムの力がかかっており、この状態を一気圧と呼びます。一気圧は、別の単位で表すと、〇・一〇一三二五メガパスカル（＝一〇一三・二五ヘクトパスカル）となります。したがって、高

シアン化水素
青化水素、青酸とも呼ばれる猛毒物質。無色の液体で、独特の臭いがある。合成繊維や合成樹脂の原料になる。

ブロムメチル
臭化メチル、ブロモメタンとも呼ばれる。常温で、無色透明の気体だが、加圧して液化ガスの状態で貯蔵・輸送される。土壌用の殺虫剤に用いられている。

酸化エチレン
エチレンを酸化したもの。無色透明の引火性液体。合成洗剤や合成樹脂の原料になる。毒物及び劇物取締法の劇物でもある。

圧ガスに分類される一メガパスカルは、大気圧の約一〇倍の圧力が、そして、〇・二メガパスカルは、大気圧の約二倍の圧力がかかっているということになります。

高圧ガスの種類とボンベの色

また、高圧ガスの種類によって、ボンベの色が異なります。容器保安規則で、以下のように決められています（表2‐7参照）。

表2－7　高圧ガスの種類とボンベの色

ガスの種類	ボンベの色
酸素ガス	黒色
水素ガス	赤色
液化炭酸ガス	緑色
液化アンモニア	白色
液化塩素	黄色
アセチレンガス	褐色《かっしょく》
その他の種類の高圧ガス（アルゴン、窒素、メタン、ＬＰガス、一酸化炭素、塩化水素、モノシランなど）	ねずみ色

出典：容器保安規則

プロブレムQ&A

III

化学災害の実態

Q12 危険物施設とは、どのような施設で、全国にどのくらいあるのですか?

危険物施設では、具体的にどのような形で危険物を扱うのですか？　また、そういった施設が全国にどのくらいあるのか教えてください。

危険物施設とは

消防法で指定された数量以上の危険物を貯蔵したり、取り扱ったりする施設として、市町村長の許可を受けた施設のことを危険物施設と呼びます。危険物施設の分類と、二〇一六年三月三十一日の時点における各施設の数を、表3－1にまとめました。

危険物施設は、「製造所」、「貯蔵所」、「取扱所」の三つに分けられています。製造所は、五〇八八カ所で一パーセント強しかありません。二八万四八四九カ所と、三分の二以上を占める貯蔵所は、貯蔵の仕方によって、さらに七種類に分類されています。その中で一番多いのが、地下に埋められた地下タンク貯蔵所で、八万三三四一カ所あります。

そして、残りの三〇・三パーセントを占めているのが取扱所で、一二万六二九七カ所あります。こちらは、さらに四種類に分けられていますが、給油取扱所と一般取扱所がほとんどで、どちらも六万カ所以上あります。これら全てを合わせると、危険物施設は全国に四一万六二三四カ所あることが分かります。

この数は、どの程度の多さなのか、私たちに身近な施設と比較してみましょう。皆さんの自宅周辺、学校や職場の周辺といった普段の行動範囲に、コンビニエンスストアは何チェーン、何軒くらいありますか。現在では、八百屋《やおや》、スーパーマーケットに行かなくても、一通りの買い物が済んでしまうほど品揃えも豊富になりました。住む人の多い地域であれば、見える範囲に複数の店舗が営業している状態も珍しくない

表3－1　危険物施設の分類と2016年3月末時点の施設数

分類		内容	施設数（カ所）
製造所		危険物を製造する施設 （例）製油所、化学プラント	5,088
貯蔵所	屋内貯蔵所	建物の内部で危険物を貯蔵する	50,201
	屋内タンク貯蔵所	屋内にあるタンクで危険物を貯蔵する	10,802
	地下タンク貯蔵所	地盤面下にあるタンクで危険物を貯蔵する	83,341
	簡易タンク貯蔵所	600リットル以下の小さなタンクで危険物を貯蔵する	1,002
	移動タンク貯蔵所	車両に固定されたタンクで危険物を貯蔵する （例）タンクローリー	67,170
	屋外タンク貯蔵所	屋外にあるタンクで危険物を貯蔵する （例）石油タンク	62,120
	屋外貯蔵所	屋外で危険物を容器などに入れて貯蔵する	10,213
取扱所	給油取扱所	自動車などに給油する取扱所 （例）ガソリンスタンド	61,401
	販売取扱所	容器に入ったままの危険物を販売する取扱所	1,688
	移送取扱所	配管やポンプで危険物を移送する取扱所 （例）パイプライン	1,111
	一般取扱所	上記の三つの取扱所以外のもの （例）ボイラー、塗装、洗浄作業、タンクへの注入や詰替えなどをおこなう施設	62,097

出典：総務省消防庁『平成28年版　消防白書』／図解でわかる危険物取扱者講座

でしょう。日本フランチャイズチェーン協会の統計によると、二〇一六年八月の時点で、コンビニエンスストアは、全国に五万四四一三店あります。コンビニエンスストアの店舗数よりも、危険物施設の方が七・六倍以上も多くある計算になります。

危険物施設数の移り変わり

四一万六二三四カ所という、二〇一六年三月末時点での危険物施設の数は、以前と比べてどう変わっているのでしょうか？　グラフ3‐1を見てください。

危険物施設の数は、前年より増加した年もありましたが、ここ二十年は継続して減少傾向にあると言えるでしょう。危険物施設の数は、六二万七八三カ所あった一九八七年がピークでしたが、その時と比べると、実数では二〇万四五四九カ所、率にして三〇パーセント以上も減少しました。

グラフ3−1　危険物施設数の推移（1975年〜2016年）

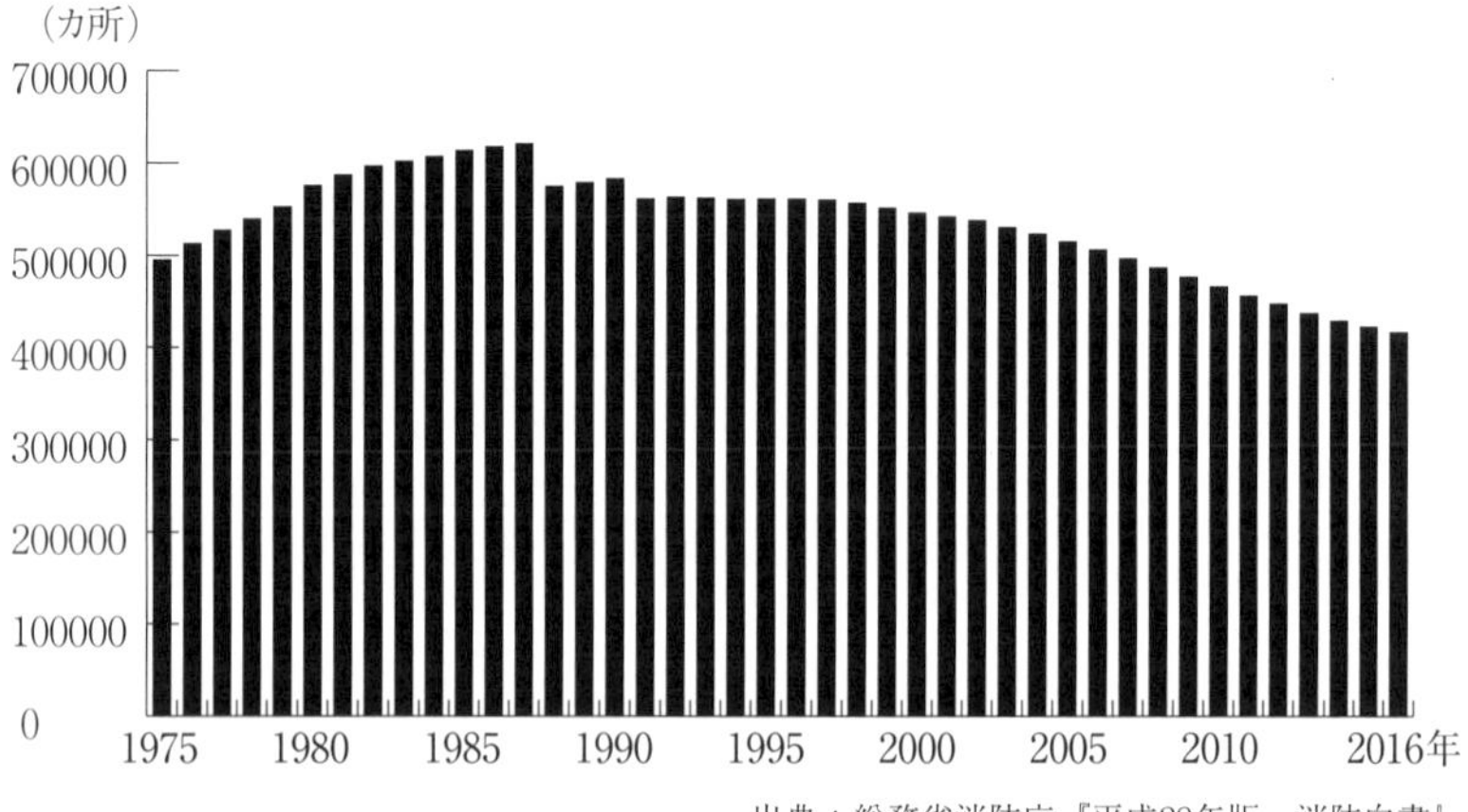

出典：総務省消防庁『平成28年版　消防白書』

Q13 危険物施設では、一年間にどのくらいの事故が起きているのですか？

危険物施設では、どのような事故が起き、一年間に何件ほど発生しているのですか？　また、どのような特徴や問題点があるのか教えてください。

危険物施設での事故（二〇一五年）

二〇一五年一年間に発生した危険物施設での事故は五八〇件で、それによる犠牲者は二名、負傷者は四五名でした。事故発生数は、前年（二〇一四年）より一九件減少したことになります。また、犠牲者の数は、前年よりも一名増えており、負傷者の数は四四名減りました（総務省消防庁『平成二十八年版　消防白書』）。

五八〇件の事故の原因は、人的要因と物的要因の二つに大別できます。二〇一五年の場合、人的要因による事故は二六五件（全事故件数の四五・七パーセント）、物的要因による事故は二五七件（全事故件数の四四・三パーセント）でした。それぞれを、さらに具体的な理由に分けてまとめたものが、

前年（二〇一四年）より一九件減少

二〇一五年一年間に限ってみれば、確かに事故件数は減っているが、「いまだ高い水準で推移している」と指摘されている（『平成二十八年版　消防白書』七六頁）。

表3-2になります。

人的要因で発生した事故の理由五つのうち、三つに「操作確認不十分」など「○○不十分」という項目が入っています。従業員のミスが原因となって、事故が起きていると考えられます。普段から担当している仕事は、やり慣れているために、注意力が散漫《さんまん》になったり、油断してしまったり、ということもあるかもしれません。しかし、これらの多くは、防ぎえた事故だと言えるでしょう。

その一方で、深刻なのは、物的要因によって発生した事故です。腐食や疲労などによる、部品や機械の劣化が原因となった事故が、二五七件のうち一四七件を占めています。割合にすると、五七・○パーセントを超えています。これは、設備を長期間、継続して使い続けたことが主な原因ですから、常日頃からメンテナンスを怠《おこた》らず、わずかな異変をも発見できる状況を確立するしかないと思われます。

危険物施設での事故（経年変化）

次に、二〇一五年に発生した五八〇件の事故は、二〇一四年以前と比べ

表3－2　危険物施設で発生した事故の原因

人的要因	件数	物的要因	件数
操作確認不十分	83	腐食疲労等劣化	147
維持管理不十分	73	破 損	44
誤 操 作	42	施工不良	26
監視不十分	38	故 障	24
操作未実施	29	設計不良	16
合 計	265	合 計	257

出典：総務省消防庁『平成28年版　消防白書』をもとに筆者作成

て増えているのか、減っているのか、それとも、変わっていないのか見ていきましょう（グラフ3－2）。

一九九五年には阪神・淡路大震災によって、そして、二〇一一年には東日本大震災によって、事故発生件数が大幅に増えました。地震によるものを除いて、事故の件数が初めて四〇〇件を超えたのは、一九九八年でした。その後、すぐに五〇〇件を超えて、二十一世紀に入ってからは、どの年も五〇〇件以上で推移しています。危険物施設での事故発生件数は、高止まりしていると言えるでしょう。

Q12で見たように、このところ、危険物施設の数は減ってきています。本来であれば、危険物施設の数が減れば、それに伴って、発生する事故の数も減っているはずです。化学災害を起こす可能性のある施設自体が少なくなっているわけですから。しかし、このデータは、それとは逆の傾向を示しています。

現在、多くの分野で機械化、オートメーション化が進んでいます。このことは、様々な作業において、私たち人間の果たす役割が、どんどん小さくなっているということを意味しています。そのような中でも、従業員が

グラフ3－2　危険物施設で発生した事故件数の推移（1986年～2015年）

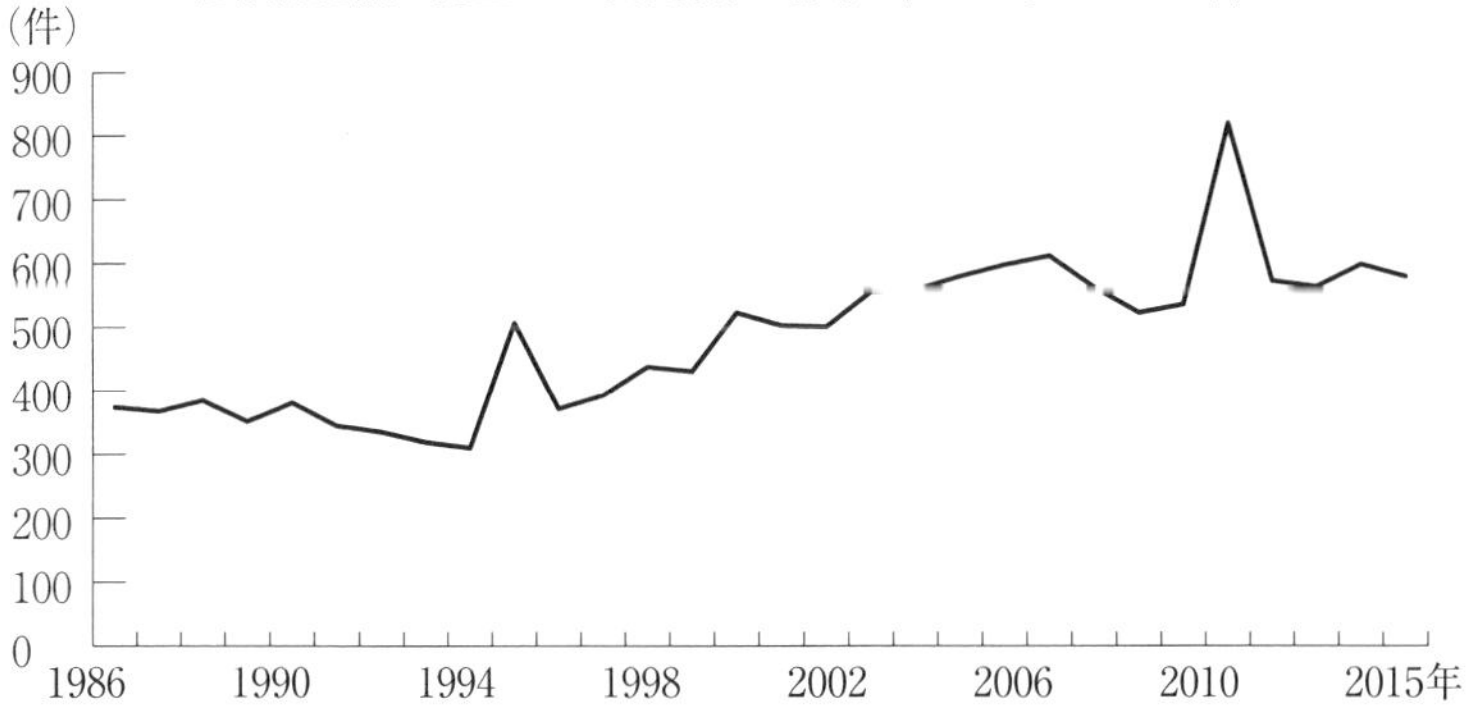

出典：総務省消防庁『平成28年版　消防白書』

身につけておかなければいけない技術や知識があるわけですが、次の世代へきちんと継承されていないという問題があります。つまり、技術や知識を持った世代が定年退職などで現場を離れ、いざという時に対応できる従業員が少なくなっているのです。

また、大企業、中小企業を問わず、国際的な競争に勝たなければ、生き残ることができない時代に入っています。コストを下げるため、真っ先に手をつけるのは、人件費や安全面の費用という企業も多いのです。危険物施設に限りませんが、効率性を追求するあまり、安全面をおろそかにして、大事故を引き起こした例は、これまでにもたくさんあります。「定期的なメンテナンスを欠かさない」、「機械の交換をおこなう」など、安全面に必要な人員、コストを十分に割《さ》かなければ、今後も、物的要因による事故は減らないでしょう。

Q14 コンビナートでは、一年間にどのくらいの事故が起きているのですか？

コンビナートとは、具体的にどのような施設を言うのですか？　また、コンビナートでは、毎年何件ほどの事故が起きているのか教えてください。

コンビナートとは

コンビナートという言葉は、小学校や中学校の社会の授業で習ったことがあると思います。生産プロセスに携《たずさ》わる各種工場を一つの場所に集めたもので、それによって、原材料から製品完成までの時間的ロスを防ぎ、コストの削減を図ることができます。二〇一六年四月一日の時点で、石油コンビナート等災害防止法（以下、コンビナート災害防止法）に基づいて、全国で八三の地区が、「石油コンビナート等特別防災区域」に指定されています。コンビナート災害防止法で規制される特定事業所は、全国に六八六カ所あります。これらの事業所の業態は、石油・石炭製品製造業だけではなく、化学工業、電気業、鉄鋼業などもあります（総務省消防庁『平成二十

特定事業所

第一種事業所と第二種事業所の二種類がある。石油の貯蔵量・取扱量が一万キロリットル以上、または、高圧ガスの処理量が二〇〇〇万立方メートル以上等であるものが第一種事業所である。一方、石油の貯蔵量・取扱量が一〇〇〇キロリットル以上、または、高圧ガスの処理量が二〇〇万立方メートル以上等であるものが第二種事業所である。

八年版　消防白書』）。
表３‐３を見てください。ここ十六年間で、どれだけ特定事業所の数が変化したのかを示したものです。二〇一一年に、一度だけ微増したものの、あとの年は少しずつではありますが減少してきています。

コンビナートでの事故件数

特定事業所で発生した事故は、二種類に大別されます。まず、地震や津波によって起きた「地震事故」、もう一つは、それ以外の「一般事故」です。二〇一五年に起きた地震事故は一件、一般事故は二三四件でした。これらの事故で犠牲者は出ませんでしたが、三三名が負傷しました。

この二三四件という数字は、それ以前と比べて多いのか、それとも少ないのか、コンビナート災害防止法が施行されてからの事故発生件数を見てみましょう（グラフ３‐３）。

大きな地震に見舞われた年には、地震事故が多く起き、合計の事故発生件数も多くなっています。阪神・淡路大震災の発生した一九九五年と、東日本大震災の発生した二〇一一年に、それは顕著《けんちょ》です。

表３－３　特定事業所の数の推移（2001年～2016年）

年	事業所数（カ所）	前年比	年	事業所数（カ所）	前年比
2001	809		2009	717	-3
2002	790	-19	2010	712	-5
2003	769	-21	2011	715	+3
2004	761	-8	2012	708	-7
2005	743	-18	2013	698	-10
2006	732	-11	2014	697	-1
2007	725	-7	2015	697	0
2008	720	-5	2016	686	-11

出典：総務省消防庁「消防白書　平成13年版～平成28年版」より筆者作成

一般事故の方にも、大きな特徴が見て取れます。統計が取られ始めてからしばらくの間は、事故の発生件数は減少傾向にありました。一九八一年から二〇〇一年までの二十一年間は、一〇〇件を下回っていました。二〇〇二年からは一〇〇件台、そして、二〇〇六年以降は、二〇〇九年以外は全て二〇〇件以上を記録しています。二〇一四年には、この約四十年間で一番多い二五三件の一般事故が起きました。特定事業所の数は減少しているのに、発生する事故の件数は増加し、高止まり傾向にあることが分かります。これは、Q13で見た危険物施設のケースと同様の傾向です。

コンビナートで発生する事故の原因は、危険物施設で起こる事故の場合と同様に、大きく二つに分けられます。「物的要因」と「人的要因」です。

二〇一五年の場合、設備の劣化や故障といった「物的要因」による事故が五一・三パーセントの一二〇件起きました。設備の劣化や故障などの影響は、稼働《かどう》年数が長くなるほど出やすくなります。機械を新しいものにするなど、根本的な対策を講じない限り、この傾向は変わりません。

一方、管理面や操作面のミスなどの「人的要因」による事故は、四四・〇パーセントの一〇三件起きました。油断せずに、細心の注意を払って稼

グラフ3−3　コンビナートで発生した事故件数の推移（1976年〜2015年）

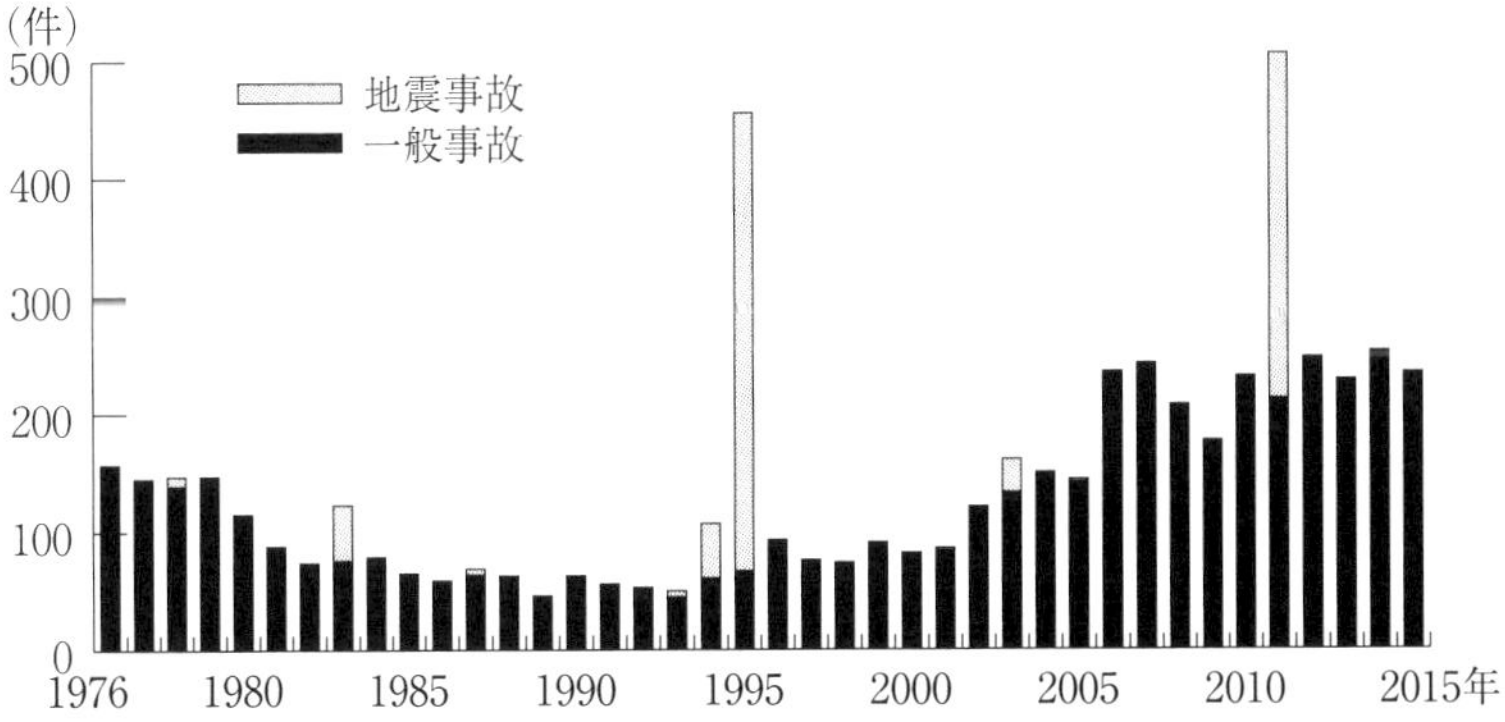

出典：総務省消防庁『平成28年版　消防白書』

働していれば防ぐことができた事故が、一〇〇件以上もあったということです。

これらの事故のうち、新聞やテレビで取り上げられた事故がどのくらいあるのかは分かりません。しかし、報道の有無に関係なく、毎年これだけの事故が起きていることを認識しておく必要があるでしょう。

Q15 毒物や劇物等を取り扱う施設は、全国にどのくらいあるのですか？

日本には、どのような毒物や劇物を扱っている施設があり、また、国全体で見ると、そういった施設はどのくらいあるのか教えてください。

Q10では、毒物及び劇物取締法における「毒物」や「劇物」の例を挙げました。これらの物質は、有害性や毒性を持っているからこそ、毒物や劇物に分類されているわけですが、これは、化学物質が持つ様々な特徴の一面に注目しただけです。毒物や劇物の中には、火災が起こると対応が厄介《やっかい》なものも存在します。このような「火災予防」や「火災発生時の消火活動」に支障をきたすおそれのある毒物や劇物は、「消防活動阻害物質」に指定されています。消防活動阻害物質を一定数量以上貯蔵したり、取り扱ったりする場合は、そのことを消防機関に届け出なくてはなりません。

二〇一六年三月三十一日の時点で、消防活動阻害物質関係の施設は、全国に五二万二三三一七カ所あります（総務省消防庁『平成二十八年版　消防白

生石灰
酸化カルシウムとも呼ばれる。白っぽい色をした、無臭の粉末。水と反応すると発熱し、可燃物を発火させるのに十分な温度にまで上昇する。不燃性の物質なので、生石灰自体は燃えないが、火災時には、刺激性、有害性のあるガスが発生するおそれがある（厚生労働省「酸化カルシウム」）。

無水硫酸
三酸化硫黄とも呼ばれる硫黄の酸

書』)。これらの施設が、貯蔵したり、取り扱ったりしている物質については、表3‐4を見てください。

圧倒的に「液化石油ガス」関係の施設が多いことが分かります。単純計算で、各都道府県に約一万カ所あることになります。一番数の少ない「無水硫酸」関係の施設でさえ、単純計算で、どの都道府県にも約四〇カ所ずつあることになります。私たちの身の回りには、火災が起きた時に特別な対応が必要だったり、対応が難しかったりする「消防活動阻害物質関係の施設」が、これだけたくさんあるのです。

化物。無色の固体。水を加えると硫酸となる。火災時には、刺激性、有害性のあるガスが発生するおそれがある。消火の際には、水を直接かけないようにする。

表3－4　消防活動阻害物質に関する届出をした施設の数と物質（2016年3月31日時点）

物質名	施設数（カ所）	割合（%）
液化石油ガス	475,606	91.1
圧縮アセチレンガス	26,536	5.1
劇物	11,567	2.2
毒物	3,890	0.7
生石灰	2,859	0.5
無水硫酸	1,869	0.4
合計	522,327	100.0

出典：総務省消防庁『平成28年版　消防白書』

Q16 毒物や劇物等による化学災害は、一年間にどのくらい起きているのですか？

毒物や劇物等が原因となった事故は、一年間にどのくらい発生しており、具体的にどのような物質が関わっているのか教えてください。

毒物や劇物等による化学災害の発生件数

総務省消防庁『平成二十八年版　消防白書』から、二〇一五年のケースを見てみましょう。毒物及び劇物取締法第二条の物質と、一般高圧ガス保安規則第二条の毒性ガスに関わる事故で、消防が出動したケースがまとめられています。

二〇一五年に七八件起き、毎週一・五件の割合で発生していた計算になります。発生件数は、前年の二〇一四年と比べて一〇件減っています。

毒物や劇物等が原因となった事故は、「火災」事故と「漏えい」事故に大別されます。毎年、「漏えい」事故の発生件数の方が多い傾向にあります。二〇一五年の場合、七八件の事故のうち、半分の三九件が「漏えい」

事故で、「火災」事故は五件（約六パーセント）でした。また、これらの事故による犠牲者はなく、負傷したのは四九名でした。

事故の原因となった物質

次に、二〇一五年に起きた七八件の事故は、どういった物質が関わったケースだったのか表３‐５から見ていきます。

先のＱ15と比較して何か気づくことはありませんか。施設の数では圧倒的多さだった液化石油ガス関係の事故が、ランキングに入っていません。そして、ここに並んでいる化学物質の名前は全て、誰もがどこかで一度は聞いたことがあるでしょうし、小学校や中学校の実験で使用した経験があるでしょう。このように、私たちにとって身近な毒物や劇物が、毎年一定数の化学災害を発生させ、死傷者を発生させているのです。

表３－５　事故に関係した毒物・劇物等の内訳

物質名	件数	割合（%）
一酸化炭素	15	19.2
塩素	9	11.5
硫化水素	8	10.3
アンモニア	6	7.7
塩酸	6	7.7
水酸化ナトリウム	5	6.4
その他	29	37.2
合計	78	100.0

出典：総務省消防庁『平成28年版　消防白書』

Q17 アスクル株式会社の倉庫火災がもたらした教訓は、どのようなものですか？

二〇一七年二月に、アスクル株式会社の倉庫で火災が発生しました。この火災から、私たちは、どのようなことを学ぶべきなのか教えてください。

アスクル社の倉庫火災の状況

二〇一七年二月十六日の午前九時頃、埼玉県三芳町にあるアスクル株式会社（ＡＳＫＵＬ）の物流センターで火災が発生しました。この物流センターは、鉄筋コンクリート造の三階建ての倉庫で、のべ床面積は約七万二〇〇〇平方メートル以上あります。この倉庫には、文房具や洗剤など約七万種類の品物が保管してありました。

一階で出火し、次第に二階や三階へと燃え広がりました。倉庫の二階と三階部分には窓や出入口が少なく、直接注水して消火活動をすることが困難でした。また、倉庫内部に五〇〇度近い熱や煙がこもってしまい、かつ、崩落《ほうらく》の危険もあったことなどから、消防士がなかなか倉庫の内部に入

三芳町
　埼玉県入間《いるま》郡の南部に位置する町である。首都圏から三〇キロ圏内《けんない》にあり、東京から一番近い「町」である。

れませんでした。

消火活動は難航《なんこう》し、ほぼ消火された状態になるまでに六日かかりました。そして、最終的に鎮火できたのは、十二日後の二月二十八日の夕方でした。この火災で、東京ドーム一つ分の約四万五〇〇〇平方メートルが焼失しました。火災による犠牲者は出ませんでしたが、温度の高い煙を吸い込んだ従業員二人が負傷しました。

化学災害が起きるのは、化学工場ばかりではない

前著『化学災害』でも、本書でも何度も触れてきましたが、化学災害が起きるのは、特別な化学物質を扱っている化学工場のような施設だけではありません。

今回の倉庫火災では、鎮火まで二週間近くもかかりました。その間、近隣住民の日常生活は、さまざまな点で大きな影響を受けました。

まず、火災現場から流れてくる「煙」と「臭い」に悩まされた近隣住民は多かったようです。そのため、晴れた日であっても窓を開けられない、洗濯物を外に干すことができない、という日がしばらく続きました。ビ

2017年（平成29年）2月23日 木曜日 朝日新聞

ニュースQ3

アスクル倉庫火災 6日間も延焼なぜ？

4万平方メートル超焼失

周辺16人避難勧告

窓少なく注水困難

炎上するアスクルの倉庫＝16日、埼玉県三芳町、本社ヘリから

アスクル火災を報じる記事『朝日新聞』二〇一七年二月二十三日付より。

ニールの焼けた臭いが、家の中へ流れ込んできていたという証言もありました。

この火災のため、交通規制が敷かれ、通行止めになった道路もありました。バスの路線も、一部変更になりました。それに加え、十九日には、スプレー缶に引火したらしく、二回爆発が起き、三芳町が六世帯の一六人に避難勧告を出す事態もありました。

一方、この火災によって影響を受けたのは、近隣住民だけではありませんでした。アスクル株式会社は、企業を相手に通信販売をおこなっています。この物流センターが火災を起こし、しばらく使えないことで、在庫切れを起こしたり、品物の調達が遅れたりする、という事態も引き起こしました。

化学災害によって、近隣の住民とともに、利用者も多大な影響を受けるのです。

残念ながら、法律を守らずに操業している施設もある

倉庫での火災から一カ月以上経《た》った四月七日、アスクル株式会社の本社

などが、消防法違反の容疑で家宅捜索を受けました。アスクル社の倉庫では、危険物を保管しており、その総量が基準を超えていたのではないか、という疑いを持たれたためです（二〇一七年五月の時点において、アスクル社の倉庫で、どのような危険物を、どれだけ保管していたのか、という点は明らかになっていません）。

危険物施設として許可を受けなくてはならないのに、無許可のまま操業している施設が一部に存在していることは、否定できない事実です。無許可施設は、法律違反を犯したまま操業しているわけで、この点が問題なのは、すぐに分かるでしょう。それに加え、無許可施設には大きな問題があります。数は少ないですが、毎年何らかの事故を起こしている点です。毎年発行される消防白書にも、短いながら、無許可施設に関する項目が設けられています。

無許可施設が、爆発や火災、漏えいなどの化学災害を起こした場合、消防機関の初動に大きな影響を与えます。その施設に、「どういう危険物」が「どれだけの量」あるか分からないからです。危険物ごとに対処方法が異なりますし、施設内にある量によって、影響の及ぶ範囲も違ってきま

毎年何らかの事故

二〇一五年には、無許可施設で起きた事故は一四件で、前年に比べて五件増えた。これらの事故による犠牲者は二人（前年比プラス一人）で、負傷者は一四人（前年比プラス九人）だった。

対処方法

例えば、消火に水を使用できない危険物がある。マグネシウムは、その典型例である。燃えているマグネシウムに水をかけてしまうと、爆発的に燃え広がってしまう。対処方法を間違えたのが、二〇一四年に発生した（株）シバタテクラムでの事故であった（詳しくは、『化学災害』参照）。

す。したがって、無許可施設で化学災害が発生した場合、扱っている物質の種類や量の把握からスタートしなくてはなりません。

最近、食品の産地偽装、消費期限や賞味期限の偽装など、企業による不祥事が後を絶《た》ちません。化学災害においても、このような危険性があることを認識しておく必要があります。

Q18 化学防災なのに、自然災害にも気をつける必要があるのはどうしてですか？

化学災害と自然災害は全く違う災害で、一見、特につながりがないように見えます。この二種類の災害には、どのような関係があるのか教えてください。

化学災害発生の多くは、人為的なミスや不作為、設備の劣化や施工不良などに原因があります。これらは、携《たずさ》わる人々の意識次第で大部分は防ぐことができるでしょう。

しかし、私たちが、どれだけ気をつけていても、避けることが難しい化学災害もあります。それが、自然災害に伴って発生する化学災害です。

地震に伴って発生する化学災害

二〇一一年三月十一日に発生した東日本大震災を例に見てみましょう。

震度七の大地震だったということ、広い地域に津波が襲ったこと、原子力発電所の事故が起こったことで、テレビ各局は連日地震関連のニュースを伝え続けました。

その中で、夜の闇の中、海が激しく炎上している映像がありました。覚えている方も多いと思います。これは、気仙沼湾《けせんぬま》の海上で起きた火災で、東日本大震災がきっかけとなった化学災害の一つです。津波によって、気仙沼市の朝日町と潮見町に設置されていた、大型の屋外タンク二二基が流されました。そして、貯蔵されていたガソリン、軽油、灯油、重油が、合計一万キロリットル以上も流出し、海上で出火したのです。その後の津波で、火は陸地にまで到達し、さらに燃え広がりました。鎮火までに一週間以上も要する大火災となりました（気仙沼・本吉地域消防本部「東日本大震災 消防活動の記録」）。

東日本大震災が誘発した化学災害は、この気仙沼市のケースだけではありません。大地震と大津波の襲った範囲が広域にわたっているため、化学災害の発生も、東北から関東の各地に広がっています。

この地震で被害を受けた危険物施設は、三三四一カ所にのぼったといいます。そのうち、地震の揺れによる被害を受けた危険物施設は一四〇九カ所で、津波による被害を受けたのは一八二一カ所でした。そして、火災が四二件発生し、危険物の漏えいが一九三件起きました（西晴樹「危険物施設の被害」）。

地震の被害というと、強い揺れによる建物の崩壊や破損を思い浮かべる方も多いと思いますが、地震の際に発生した火災によって引き起こされる被害も無視できません。

一九九五年一月十七日の早朝に発生した阪神・淡路大震災の時には、揺れの後の火災による犠牲者が多数出たことを記憶している方も多いでしょう。

地震の後に起こる火災の約二〇パーセントは、薬品などの化学物質が出火原因であることは知っていますか。火災五件に一件の割合ですから、決して例外的なケースではないことが分かります（東京都環境局「化学物質を取り扱う事業者のための震災対策マニュアル」）。

化学物質やガスの近くに人間がいる、いないなどの状況は、地震の発生する時間によって大きく異なります。しかし、どういうタイミングで地震が襲って来ようとも、化学災害をできるだけ発生させないようにする取り組みも重要です。

薬品などの化学物質が出火原因

地震によって、化学物質の入ったビンや、ガスの入ったボンベが転倒したり、棚ごと倒れたりすることがある。そして、破損したビンやボンベから、化学物質やガスが漏えいし、爆発や火災につながることがある。

地震の発生する時間

深夜や早朝という時間帯は、昼間に比べると、化学物質やガスボンベの近くに、人がいない可能性が高い。化学物質やガスボンベの近くにいなければ、漏えいした化学物質に触れたり、ガスを吸引したりする被害は、相対的に少なくなる。

その他の自然災害に伴って発生する化学災害

ご存じのとおり、日本は、世界有数の自然災害大国です。私たちが直面する自然災害は、地震や津波だけではありません。

・大雨に伴って発生する化学災害
・台風に伴って発生する化学災害
・洪水に伴って発生する化学災害
・火山噴火に伴って発生する化学災害

なども起こりうるのです。

現在の私たちの科学技術力では、襲って来る自然災害の種類、起きるタイミング、規模などを予《あらかじ》め知ることはできませんし、大きく変えることもできません。

したがって、「自然災害に誘発される化学災害を、可能な限り引き起こさない」、「化学災害が万が一起きた場合、その被害を最小限に抑える」ことに力を注ぐ必要があります。

大雨に伴って発生する化学災害

一九九〇年七月、熊本県山鹿市で、火薬庫が埋没した。夜から降り続いた雨によって、山が地滑りを起こし、土砂が火薬庫に流入したために起こった。

台風に伴って発生する化学災害

一九九一年九月、佐賀市にある事務所の屋根が、台風の強風で飛ばされた。屋根は、安全弁のついているパイプにぶつかり、プロパンガスが噴出した。

火山噴火に伴って発生する化学災害

二〇〇二年一月、コンゴのニラゴンゴ山が噴火した。溶岩がガソリンスタンドに到達して、爆発した。この災害で、四〇名以上が犠牲になったといわれている。

Q19 車両で輸送している最中の化学災害は、どのくらい起きているのですか？

輸送機関で運搬している最中に起こりうる化学災害には、どのような特徴がありますか。また、どの程度発生しているのかについても教えてください。

現代日本社会を支える輸送

私たちの暮らす現在の日本は、「大量消費社会」です。大量消費社会は、「大量消費」を支える「大量生産」と「広域輸送」があり、「大量消費」されたものは「大量廃棄」されるという形で成り立っています。

「大量生産」の段階では、石油や天然ガス、原材料が外国から日本に運ばれてきます。空港や港に到着した後は、全国各地の製造工場へと運ばれます。

←

「広域輸送」の段階では、完成した製品が、全国各地の卸問屋《おろしどんや》や小売店へと運ばれます。

↓「大量消費」の段階では、店舗から購入された製品は、各消費者の生活の場に運ばれます。

↓「大量廃棄」の段階では、廃棄物となった使用済みの製品は、ゴミ集積所から埋め立て処分場や焼却場に運ばれます。

大量消費社会は、右のようにつながっています。原材料、製品、廃棄物というように、物の呼称は変わりながらも、たえずどこかへ運ばれていることが分かります。つまり、大量消費社会は、「物の運搬」によって支えられているのです。そして、この「物の運搬」を担っているのが輸送機関で、代表的なものは、陸路の「自動車」と「鉄道」、空路の「航空機」、そして、海路の「船舶」の四種類です。

輸送中に発生する化学災害の一番の特徴は、災害の発生する場所が移動するということです。工場をはじめとした施設、そして、住宅で起きる化

内航海運
船を使って、国内の港と港の間で荷物を運ぶこと。また、海外の港と国内の港の間で、船を使って荷物を運ぶことは、外航海運と呼ぶ（日本内航海運組合総連合会「内航海運の概要」）。

トンキロ
「輸送した貨物の重さ」に「輸送した距離」を掛け合わせて出す。例えば、一〇トンの貨物を、五〇〇キロメートルの距離運んだ場合は、五〇〇〇トンキロである。したがって、同じ重さの貨物であれば、運んだ距離が長いほどトンキロの値は大きくなる。

学災害は、発災場所は動きません。災害の規模が大きい場合は、被害や影響が発災地以外にも及ぶこともありますが、普通は、発災場所から離れれば離れるほど、災害の被害や影響は小さくなります。

それに対し、輸送中に起こる化学災害は、事故の発生源になりうるものが、一定の速度で移動しています。私たちがどれだけ注意していても、化学災害の発生源の方から近づいて来ることがあるわけです。したがって、輸送機関による化学災害は、「どこでも」起こりうるし、「誰もが」巻き込まれうる、と言えるでしょう。

輸送における自動車の役割

各輸送機関が起こす化学災害の中で、私たちが一番注意しなくてはならないものは、道路上で発生するケースです。その理由は、大きく二つあります。まず、物の輸送において車両が担っている割合の高さです。

表3‐6を見てください。二〇一四年度の貨物輸送分担率は、輸送量で見ると、自動車が九一パーセント以上を占めており、圧倒的なシェアです。トンキロベースで見てみると、自動車のシェアは下がりますが、それでも

表3－6　各輸送機関の輸送分担率（2014年度）

	輸送量（トン）	割合（%）	輸送量（トンキロ）	割合（%）
自動車	43億1583万6000	91.3	2100億0800万	50.6
鉄道	4342万4000	0.9	210億2900万	5.1
内航海運	3億6930万2000	7.8	1831億2000万	44.1
国内航空機	102万4000	0.0	10億5000万	0.3
合計	47億2958万6000		4152億0700万	

出典：国土交通省「交通関連統計資料集」

五〇パーセント以上あります。

私たちの生活圏と道路

道路上で発生する化学災害に一番気をつけなければならないもう一つの理由は、道路や車両と、私たちの生活圏《せいかつけん》の近さです。二〇一四年四月一日の時点で、国内には、一二一万キロメートル以上の道路が整備されています（国土交通省「道路統計年報二〇一五」）。地球を一周すると約四万キロメートルですから、日本には、地球三〇周分の長さに相当する道路が張り巡らされているということになります。

一般道路は、高速道路と比べて車線の少ないもの、道幅の狭いものが多いです。そのような場所であっても、大型のトラックやタンクローリーが走行しています。それら以外の普通自動車、バス、オートバイ、自転車も走っていますし、歩行者の往来もあります。それに加えて、道路の両脇には住宅や店舗などが建ち並んでいます。このように、鉄道用の線路、航空機の飛ぶ空域、船舶の航行する海域などと比べても、道路の方が私たちの生活圏に身近な場所であると言えるでしょう。したがって、もし、化学災害

事業用トラックの交通事故

この統計では、「大型」貨物車（車両総重量が一一トン以上、または、最大積載量が六・五トン以上）、「中型」貨物車（車両総重量が五トン以上、一一トン未満、または、最大積載量が三トン以上六・五トン未満）、「普通」貨物車（車両総重量が五トン未満、かつ、最大積載量が三トン未満）の事故件数が合計されている。

重大事故

事業用自動車が起こした事故で、「転覆《てんぷく》したり、転落したり、火災を起こしたり、鉄道車両と衝突、もしくは、接触したりしたもの」「十台以上の自動車の衝突、または、接触を生じたもの」「十人以上の負傷者を生じたもの」、『危険物、毒物、劇物、高圧ガス、核燃料物質などが飛

が道路上で発生したら、より多くの人や物が巻き込まれると考えられます。

交通事故の実態

では、実際に、交通事故の発生件数、死傷者の数などを確認してみましょう。二〇一五年に発生した交通事故は五三万六八九九件で、前年（二〇一四年）から三万六九四三件減っています。死者数は四一一七人（前年比プラス四人）、負傷者数は六六万六〇二三人（前年比マイナス四万五三五一人）でした。このうち、事業用トラックの交通事故は一万六一五六件（前年比マイナス一六四五件）で、全交通事故の約三パーセントに当たります（全日本トラック協会「貨物自動車の交通事故」）。この中で、危険物などを積載《せきさい》した車両の交通事故に関して見ていきましょう。表3‐7を見てください。

この重大事故発生件数は、一般道路上で起きたものも、高速道路で起きたものも含んだ数です。二〇一四年を例にとると、一カ月に四件の重大事故が、日本のどこかで起きていたという計算になります。交通事故の全体、事業用トラックの事故数から見ても、発生数自体は少ないことは確かです。

散、または、漏えいしたもの」などの項目に該当するものを指す。

表3−7　危険物などを積載した車両の重大事故件数の推移（1995年〜2014年）

年	重大事故（件）	年	重大事故（件）
1995	41	2005	57
1996	34	2006	68
1997	41	2007	70
1998	59	2008	67
1999	46	2009	46
2000	62	2010	84
2001	49	2011	50
2002	72	2012	44
2003	56	2013	63
2004	54	2014	48

出典：国土交通省「自動車運送事業用自動車事故統計年報」

この二十年間の推移を見てみると、増えたり減ったりを繰り返しているだけで、減少傾向にあるとは言えません。この二十年間の、交通事故発生状況の推移と比較してみると、その差は明らかです。一九九五年に発生した交通事故は七六万一七九四件で、その後増加傾向にありました。九年後の二〇〇四年に、九五万二七二〇件とピークを迎え、それ以降、交通事故の発生件数は減少し続けています。二〇一五年には五三万六八九九件となり、ピークの二〇〇四年から四〇パーセント以上も減りました。本来であれば、交通事故の発生件数が減少していれば、危険物などを積んだ車両による重大事故の件数も、同様に減っているべきなのですが、そのような連動は見られません。

ここまで見てきたように、発生件数は少ないかもしれませんが、危険物などを積載した車両の事故は、毎年必ず起きています。輸送機関による化学災害は、「どこでも」起こりうるし、「誰もが」巻き込まれうるものです。どれだけ注意しても、注意しすぎることにはなりません。

プロブレムQ&A

Ⅳ

住宅での化学災害

Q20 どうして、住宅火災を化学災害と考えるべきなのですか？

化学工場で起きる火災と違って、住宅火災と化学災害が結びつきません。どうして、住宅火災が化学災害だと考えられるのか、その理由を教えてください。

化学工場で発生した火災を、化学災害と捉《とら》えることは、それほど難しいことではないでしょう。では、私たちが日々暮らす住宅で発生した火災についてはどうでしょうか。「化学工場で扱っているような、使用や管理に特別注意が必要な化学物質は、自分の住宅には置いていないし、なぜだろう」と考える方もいるかもしれません。住宅火災が、「私たちに最も身近な場所で起こる化学災害の一つ」と考えられる理由を、二つ挙げたいと思います。「法律による火災の定義」と、「煙で亡くなる人の多さ」です。

火災とはどういった現象か

簡単すぎて、見るまでもないという方も多いかもしれませんが、まず、

「火事」と「火災」という言葉の、国語辞典による定義を確認してみましょう。火事は、「建造物や山林が、火によって焼けてしまうこと」で、火災は、「火事による災難のこと」をいいます（『大辞泉』／『大辞林』）。国語辞典の定義には、化学物質について全く触れられていません。

　では、次に、法律による火災の定義を見てみましょう。総務省消防庁の「火災報告取扱要領」によると、火災は、「人の意図に反して発生し若《も》しくは拡大し、又は放火により発生して消火の必要がある燃焼現象であって、これを消火するために消火施設又はこれと同程度の効果のあるものの利用を必要とするもの、または人の意図に反して発生し若《も》しくは拡大した爆発現象」と定義されています。

　一九九四年の改正時に、「爆発現象」も「火災」に含めることになりました。そして、爆発現象は、「化学的変化による爆発の一つの形態であり、急速に進行する化学反応によって多量のガス及び熱を発生し、爆鳴、火炎及び破壊作用を伴う現象」と定義されています。

　火災は、燃焼や爆発といった「化学的反応」を含む、という点から考えれば、住宅火災を化学災害の一つと捉えて問題ないと思われます。

火災による犠牲者の死因

表4-1を見てください。火災によって犠牲になった人たちの死因を並べたものです。

順位は、年によって多少の変動がありますが、「火傷《やけど》」、「一酸化炭素中毒・窒息《ちっそく》」、「自殺」が必ず上位に入ってきており、これらは、三大死因と言ってよいでしょう。この中で、「一酸化炭素中毒・窒息」に注目してください。火災による犠牲者の約三割が、一酸化炭素中毒死・窒息死です。つまり、「火炎」や「熱」ではなく、「煙など、火災によって発生したガス」が原因で亡くなったことが分かります。煙は、多くの有害な成分を含んでいます。具体的にはどのような物質か、表4-2にまとめました。

それに加え、燃える物によっては、アンモニア、硫化水素、ホスゲンなどの物質が発生することもあります（東リ株式会社「炎が伝わっていく過程」）。

表4－1　火災による犠牲者の死因（2001年～2015年）

	CO中毒窒息	火傷	自殺	打撲骨折など	その他	不明	合計（人）
2001年	576	640	805	4	41	129	2,195
2002年	581	623	863	5	37	126	2,235
2003年	602	625	815	7	67	132	2,248
2004年	589	590	624	9	53	139	2,004
2005年	674	671	636	1	64	149	2,195
2006年	626	687	592	2	57	103	2,067
2007年	613	650	575	5	50	112	2,005
2008年	610	628	535	5	47	144	1,969
2009年	565	571	564	13	49	115	1,877
2010年	559	531	433	3	63	149	1,738
2011年	563	544	418	5	60	176	1,766
2012年	535	581	387	4	67	147	1,721
2013年	493	573	337	2	65	155	1,625
2014年	473	596	409	10	47	143	1,678
2015年	501	487	349	3	76	147	1,563

出典：総務省消防庁「消防白書　平成14年版～平成28年版」

次に、表4-3を見てください。空気中の一酸化炭素濃度が高くなるにしたがって、どのような中毒症状が出てくるのかをまとめたものです。

普段、私たちの血液中にあるヘモグロビンという物質が、酸素を体全体に運んでいます。しかし、一酸化炭素を吸い込んでしまうと、ヘモグロビンは一酸化炭素と結びつき、酸素を運ぶ力が落ちてしまいます。そのため、表に挙げたような中毒症状が出てくるのです（横須賀市消防局「煙の恐ろしさ」）。火災が発生して二十分経過すると、一酸化炭素の濃度は、空気全体の五パーセント以上を占めるようになるといいます（東リ株式会社「炎が伝わっていく過程」）。しかし、この表を見ると、私たちは、それよりもはるかに少ない量の一酸化炭素で、大きなダメージを受けることが分かります。

ここまで見てきたように、住宅火災では、一酸化炭素をはじめとした多くの有毒な化学

ホスゲン

炭素、酸素、塩素を含む化合物。空気より重い無色透明の気体で、干し草のような臭いを持つ。ポリウレタンや染料の原料として利用されている。強い毒性を持ち、毒物及び劇物取締法の毒物に指定されている。

表4－2　煙に含まれる主な有害物質

一酸化炭素	全ての有機物が燃焼した時、特に不完全燃焼した時に発生する
二酸化炭素	全ての有機物が燃焼した時に発生する
塩化水素	ポリ塩化ビニルなど、塩素を含む物が燃焼した時に発生する
シアン化水素	アクリルやポリウレタンなど、窒素を含む物が燃焼した時に発生する
硫黄酸化物	羊毛など、硫黄を含む物が燃焼した時に発生する

出典：杉田直樹「火災時に発生する一酸化炭素などの燃焼生成ガスについて」

表4－3　空気中の一酸化炭素濃度と中毒の症状

一酸化炭素濃度（%）	中毒の症状
0.02	2～3時間で軽い頭痛がする
0.04	1～2時間で頭痛、吐き気がする
0.08	45分でめまい、けいれんを起こす
0.16	20分で頭痛、めまいを起こし、2時間で死に至る
0.32	5～10分で頭痛、30分で死に至る
0.64	5～15分で死に至る
1.28	1～3分で死に至る

出典：横浜市消防局「火災からの避難」

物質が発生し、それによって多くの人が犠牲になっています。したがって、住宅火災も、私たちに身近な場所で発生する化学災害の一つだと捉えられると思います。

Q21 どうして、住宅火災で煙による犠牲者が多いのですか？

住宅火災が化学災害だというのは分かりました。では、住宅火災の時に、一酸化炭素中毒・窒息など、煙による被害が多い理由を教えてください。

火災による犠牲者の三大死因の一つに「一酸化炭素中毒・窒息」があり、その主な原因は、火災時に発生する煙などの有毒ガスだというのは、Q20で見たとおりです。

現在、一年間に発生する火災の件数は、前年と比べて増えた年もありますが、大きな流れで見ると減少傾向にあります。二〇一〇年から二〇一四年までの五年間は、二〇一一年を除いて四万件台で推移しています。戦後復興を遂《と》げ、高度経済成長期に入る時期にも、火災の件数が四万件台で推移した五年間（一九六〇年～一九六四年）がありました。それぞれの時期の火災の発生件数と、犠牲者数をまとめた表4‐4を見てください。

一九六〇年から一九六四年の五年間は、どの年の犠牲者数も一〇〇〇人

表4－4　火災の発生件数が4万件台である時期の犠牲者数比較

年	火災発生件数（件）	犠牲者（人）	年	火災発生件数（件）	犠牲者（人）
1960	43,679	780	2010	46,620	1,738
1961	47,106	806	2011	50,006	1,766
1962	49,644	861	2012	44,189	1,721
1963	50,478	853	2013	48,095	1,625
1964	49,020	940	2014	43,741	1,678

出典：総務省消防庁『平成28年版　消防白書』

未満でした。その一方で、ここ五年間の犠牲者数は、二〇一〇年から二〇一二年までが一七〇〇人台、二〇一三年と二〇一四年は一六〇〇人台で推移しています。最近五年間の犠牲者数の方が、ずっと多いことが分かります。

物が燃えた時に煙が出るのは、昔も今も変わりません。火災の発生件数がほとんど同じなのに、犠牲者の数にこれだけの差があるということは、二つの点で大きく変わったからです。一つは「火災対策を施した住宅の増加」で、もう一つは「化学物質の種類や、身の回りのプラスチック製品の増加」です。一つずつ、詳しく見ていきましょう。

火災対策を施した住宅の増加

住宅は、大きく「木造住宅」と「非木造住宅」に分けられます（総務省統計局「住宅・土地統計調査　結果の概要」）。昔より差は小さくなっていますが、二〇一三年におこなわれた調査の結果でも、依然として木造住宅の方が多いです。その木造住宅の中で見てみると、防火木造住宅も増えていきます。現在は、「火災が発生しにくい」住宅、「発生した火災を大きくしな

木造住宅
住宅の骨組みである「柱」や「梁《はり》」などに、木材が用いられている構造の住宅。防火木造住宅は含めない。

非木造住宅
骨組みが鉄筋コンクリート造、鉄骨コンクリート造、レンガ造、ブロック造などの住宅。

い」住宅といった、何らかの火災対策が講じられたものにシフトしてきているると言えるでしょう。

しかし、何らかの火災対策を施した住宅の増加が、逆に煙による犠牲者の増加を招いている一面もあるのです。

木造建築物は通気性が良く、柱など建物構造の主要な部分自体も燃えやすい性質を持っています。そのため、火災発生時には激しく燃え、出火から七~八分で、摂氏一二〇〇度近くまで温度が上がります。しかし、通気性が良いために、十五分もすれば急速に温度が下がります。木造建築の火災は、「高温・短時間型」と呼ばれています。

それに対し、火災対策を講じた建築物は、外枠や内装材に不燃物を用いており、建物構造の主要な部分は火災に耐えられます。しかし、家の中にある家財道具は、火災が起きれば燃えてしまいます。このタイプの建築物は、気密性が高いのも特徴で、火災の時には、外部から空気中の酸素が供給されにくく、不完全燃焼になりがちです。温度も摂氏八〇〇~九〇〇度くらいまでしか上がりません。火災の継続時間は、木造建築物の火災よりも長くなり、三十分以上続くこともあります。火災対策を講じた建築物の

防火木造住宅

「柱」や「梁」などが木造だが、屋根や外壁に、モルタルやトタンなど、防火性能を持つ材料を用いている住宅（総務省統計局「用語の解説」）。

火災は、「低温・長時間型」と呼ばれています（神忠久「生死を分ける避難の知恵」／東リ株式会社「建物の種類による火災の違い」）。現在、火災で燃えた範囲が狭いのに、犠牲者が出てしまうことがあります。それは、不完全燃焼の際に発生した一酸化炭素が室内にとどまり、その悪影響を受けてしまうからです。

使用される化学物質の種類や、身の回りのプラスチック製品の増加

石油由来のナフサという物質から、プラスチック製品が製造されているというのは、Q3で見たとおりです。現在の私たちは、多種多様なプラスチック製品に囲まれて暮らしています。これらが無ければ、現在の私たちの豊かで、便利で、快適な生活は成り立ちません。現在、私たちの身の回りには、どのような化学物質やプラスチック製品があるのか、主なものを表4-5にまとめました。

住宅に火災対策が施《ほどこ》してあっても、建物の中にある物は火災が起きれば燃えます。家の中には、ここで挙げたようなプラスチック製品がたくさんあり、燃えることで一酸化炭素をはじめとした有毒ガスを発生させます。

表4－5　私たちの身の回りにある主な化学物質やプラスチック製品

身だしなみ	石けん、シャンプー、化粧品、歯磨き粉など
掃除や洗濯	台所用洗剤、トイレ用洗剤、消臭剤、洗濯用洗剤、柔軟剤、漂白剤など
衣類	綿、絹、羊毛などの自然素材 ポリエステル、アクリルなどの合成化学繊維
食事	調味料、保存料、増粘剤、香料、甘味料、着色料など
医薬品	飲み薬、消毒薬、塗り薬など
乗り物	ガソリン、灯油などの燃料、潤滑油、サビ取り剤
工作や塗装	のり、接着剤、塗料、塗料うすめ液、ワックスなど
害虫対策	衣類用防虫剤、殺虫剤、農薬など
玩具	ぬいぐるみ、ブロック、プラモデルなど
住宅	新建材（断熱材、合板材、ビニル床タイル）

出典：環境省「わたしたちの生活と化学物質」／製品評価技術基盤機構「子供用おもちゃ」

特に、新建材を用いた住宅では、煙の出る量が十〜二十倍多いという指摘もあります（横須賀市消防局「煙の恐ろしさ」）。日本のプラスチック生産が本格的に始まったのは、第二次世界大戦後で、一九六〇年代半ば頃までを助走の期間として、その後一気に生産量を伸ばしました。

ここまで見てきたように、煙の出る量も、煙に含まれるガスも、化学物質の種類やプラスチック製品の増加に伴って、以前と変わってきました。そのため、住宅火災が発生した時に、煙による多くの犠牲者が出てしまうのです。

新建材

新しい材料、製法によって、人工的に作られた建築材料。プラスチックやビニールなどが材料で、断熱材、壁、床などに用いられる。

増粘剤

液体に粘り気を出したり、粘り気を高めたりするために添加《てんか》される物質。糊料《こりょう》とも呼ばれる。

Q22 住宅火災への有効な対策はどのようなものですか？

住宅火災やその被害に関するニュースを、毎日のように見聞きします。住宅火災による被害を小さく抑えるための対策を教えてください。

現在、日本における一年間の火災発生件数も、火災による死傷者数も、減少傾向にあることは事実です。しかし、日本のどこかで一日に一〇〇件以上の火災が起きています。そして、交通事故による犠牲者の数と比べれば少ないものの、毎年一五〇〇人以上の方が亡くなっており、毎日四・四人以上が犠牲になっている計算になります。火災の発生件数や死傷者数を減らすには、「火災そのものを起こさない」努力と、「起きてしまった火災を、できるだけ早い段階で消し止める」取り組みが重要になってきます。

主な出火原因

どうして火災が起きるのでしょうか。『平成二十八年版　消防白書』から、出火原因を見てみましょう（表４‐６）。

多少の順位の上下はありますが、どの年も、同じ出火原因が上位を占めています。これら五つの出火原因は、大きく二つのタイプに分類できます。故意に引き起こされた火災（放火、放火の疑い）と、不注意で起きた火災（コンロ、たばこ、たき火）です。故意に引き起こされた火災である「放火」や「放火の疑い」が上位にありますから、「火災そのものを起こさない」ことは、なかなか困難です。しかし、「起きてしまった火災を、できるだけ早い段階で消し止める」ことは、私たちが意識して取り組めば可能になります。火災による人的被害、物的被害を少なくするために重要なポイントは、主に四つ挙げられます。一つずつ、詳しく見ていきましょう。

火災警報器の設置を徹底すること

先の出火原因ランキング上位に入っている、コンロによる火災は、料理中に発生するケースが多いものです。テラスや居間

表４－６　最近15年の出火原因 第１位～第５位（2001年～2015年）

	第1位	第2位	第3位	第4位	第5位
2001年	放火	たばこ	放火の疑い	コンロ	たき火
2002年	放火	たばこ	放火の疑い	コンロ	たき火
2003年	放火	コンロ	放火の疑い	たばこ	たき火
2004年	放火	たばこ	コンロ	放火の疑い	たき火
2005年	放火	コンロ	たばこ	放火の疑い	たき火
2006年	放火	コンロ	たばこ	放火の疑い	たき火
2007年	放火	コンロ	たばこ	放火の疑い	たき火
2008年	放火	コンロ	たばこ	放火の疑い	たき火
2009年	放火	コンロ	たばこ	放火の疑い	たき火
2010年	放火	コンロ	たばこ	放火の疑い	たき火
2011年	放火	たばこ	コンロ	放火の疑い	たき火
2012年	放火	たばこ	コンロ	放火の疑い	たき火
2013年	放火	たばこ	たき火	コンロ	放火の疑い
2014年	放火	たばこ	コンロ	放火の疑い	たき火
2015年	放火	たばこ	コンロ	放火の疑い	たき火

出典：総務省消防庁『平成28年版　消防白書』

などで、カセットコンロを使用中に火災になる、ということも考えられますが、発生場所は主に台所です。また、タバコによる火災は、「寝たばこの不始末」という言葉もあるように、発生場所が寝室であることが多いです。

起きてしまった火災を、できるだけ小さいうちに消し止め、人的・物的被害を少なくするためには、火災に早く気付くことが重要です。そのための大きな武器になるのが火災警報器です。

住宅用の火災警報器は、二〇〇四年の消防法改正によって設置が義務付けられました。二〇〇六年六月からは、新築の住宅には、各自治体の条例で定められた場所（寝室や階段など）に設置しなくてはならなくなりました。それ以前に建てられていた住宅も、二〇一一年六月までに設置することが義務付けられました。しかし、罰則が無いこともあってか、二〇一六年六月一日の時点で、火災警報器の設置率は全国で八一・二パーセントだということです（総務省消防庁『平成二十八年版　消防白書』）。アパートやマンションのような集合住宅よりも、一戸建て住宅の方が、火災警報器の設置率が低いようです。

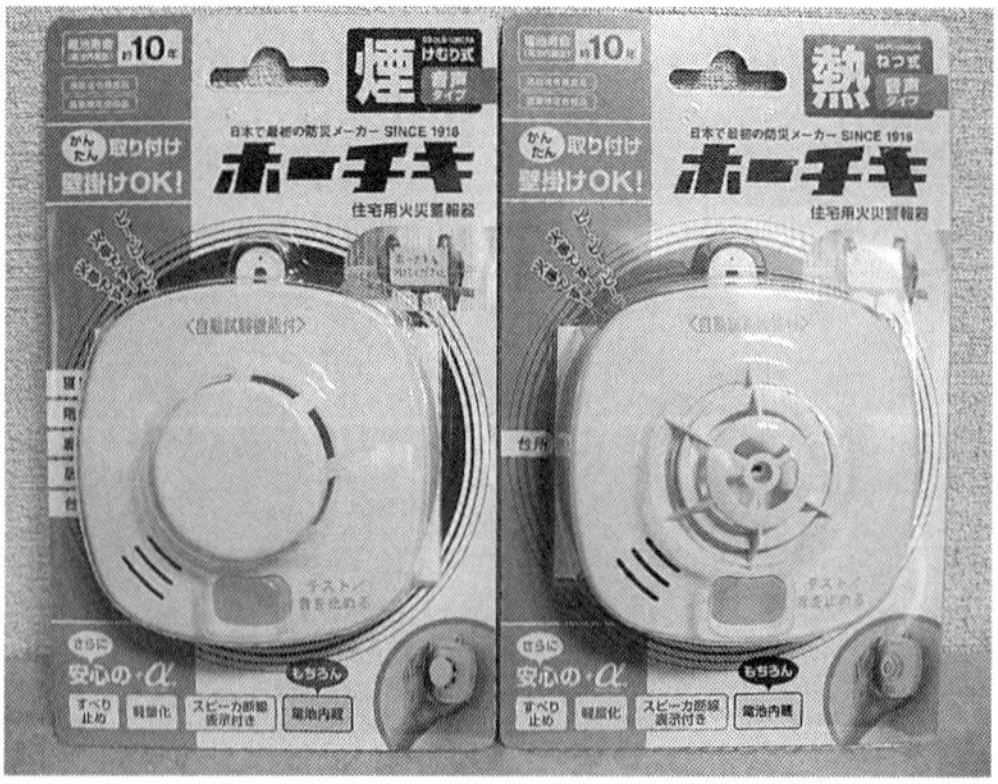

火災警報器
右が熱式、左が煙式

住宅用の火災警報器には、大きく分けて二つのタイプがあります。煙を感知して作動する「煙式」火災警報器と、熱を感知して作動する「熱式」火災警報器です。寝室や階段など、普段煙が出ない場所には「煙式」火災警報器を、調理中には煙が出て、温度も高くなる台所などには「熱式」火災警報器を設置します（日本火災報知器工業会「どんな種類があるの？」／辻本誠『火災の科学』）。

もし、火災警報器を設置していれば、助かった可能性のある生命も多いのです。自分の家に、どんなタイプの火災警報器が、どこに設置してあるのか、ぜひ確認してください。そして、まだどこにも設置していないのであれば、対策を急ぎましょう。契約しているガス会社に問い合わせて、リースや購入もできますし、ホームセンターや家電量販店などで購入し、自分で設置することも可能です（住宅用火災警報器Q＆A）。

速やかに避難して安全を確保すること

火災が起きたことに気づいたら、どのように行動したら良いのでしょうか。「消防署に連絡する」、「周辺の住民に火事を知らせる」、「できるだけ

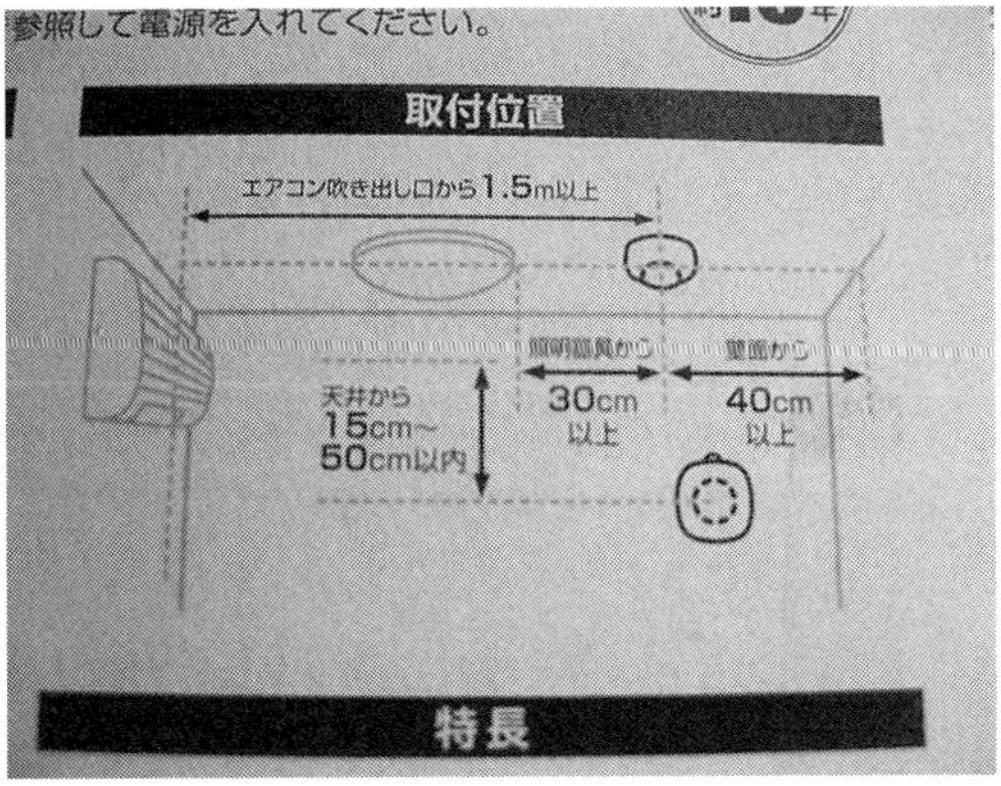

火災警報器の取り付け場所

自分で消す努力をする」、「安全な場所に逃げる」などが考えられます。この中では、まず、一刻も早く避難《ひなん》して、安全を確保することが重要です。火災によって犠牲になるケースの一つに、逃げ遅れによるものがあるからです。『平成二十八年版　消防白書』の統計によると、二〇一五年に住宅火災によって亡くなったのは九一四人でした（放火による自殺者の数を除いた数）。その中で、逃げ遅れによる犠牲者は四七七人で、五〇パーセントを超えています。もちろん、逃げ遅れと言っても、その理由は多岐《たき》にわたります（表4‐7）。

仮に、「安全の確保を第一」に避難していたら、助かった生命も少なくないことが分かります。昔から「命あっての物種」と言われています。まずは、自身の安全の確保を最優先に行動してください。

なお、この中には、状況的に火災の発生に気づきにくかったケース、火災の発生に気づいても避難が間に合わなかっただろうケースも含まれています。そのような犠牲を防ぐために、「身体の不自由な人や、子どもだけを残して外出しない」、「高齢者や子どもは、避難しやすい場所を寝室にする」ようアドバイスしています（横浜市消防局「火災からの避難」）。

表4－7　火災時に逃げ遅れた原因（2015年）

逃げ遅れの理由	人数（人）
病気や身体不自由だったため	120
熟睡していたため	101
延焼拡大が早かったため	59
消火しようとしたため	28
泥酔していたため	6
持ち出し品や服装を気にしていたため	3
ろうばいしたため	2
乳幼児だったため	2
その他	156
合 計	477

出典：総務省消防庁『平成28年版　消防白書』

避難経路や避難方法、避難器具などの使用方法を確認しておくこと

皆さんは、どのような住宅で暮らしていますか。一戸建てでしょうか、それとも、集合住宅でしょうか。この取り組みは、集合住宅、特に高層階で暮らす方には重要になります。ホテルなどの宿泊施設を利用する時には、非常階段の位置を確認する方も多いと思いますが、日々生活する住宅ではどうでしょうか。避難経路は把握していますか。避難経路は、火元や煙の向きによって左右されるため、最低二つは確保しておきましょう（横須賀市消防局「火災調査員の防火アドバイス」）。そして、避難経路がいざという時にトラブルなく使えるよう、荷物や障害物が置かれていないかどうかについても確認しておく必要があります。

避難器具には、「避難はしご」、「緩降機《かんこうき》」、「救助袋」、「滑り台」、「滑り棒」、「避難ロープ」、「避難橋《ひなんきょう》」、「避難タラップ」の八種類があります。

皆さんの暮らしている住宅には、どのような避難器具がどこにあるのか、知っていますか。使用方法を間違ったために、火災による被害を拡大させてしまった例もあります。自分の住宅に設置されている避難器具と、

避難器具
火災が発生した際、建物の地下や高層階にいる人が、階段で避難できない場合に使用し、直接地上に通ずる出入口のあるフロアに到達するためのもの（堺市消防局「消防用設備等審査基準」）。

緩降機
使用者が、他人の補助を受けず、自分の重さで自動的に降下できる機構を持つ器具のこと（堺市消防局「消防用設備等審査基準」）。

避難橋
二つ以上の建物が隣接していて、ほぼ同じ高さの場所（屋上など）があれば、建物間を連絡するために設置する橋状の器具のこと（堺市消防局「消防用設備等審査基準」）。

その使用方法を確認しておきましょう。

屋内・屋外を問わず、可燃物をできる限り置いておかないこと

物が燃える時に必要なものは、以下のとおり三つあります（図解でわかる危険物取扱者講座「燃焼の三要素」）。

・可燃物　　：木材、紙、多くの有機化合物などの燃える物です。
・酸素供給源：空気中には、酸素が約二一パーセント含まれており、私たちは、空気という酸素供給源の中で暮らしています。
・点火源　　：火気、火花、静電気、摩擦《まさつ》熱などの熱源を指します。

不注意で起きてしまった火災だけでなく、故意に引き起こされた「放火」や「放火の疑い」による火災も多いことは、先ほど確認しました。横須賀市消防局（「火災調査員の防火アドバイス」）によると、放火による火災の場合、犯人は、ライターやマッチなど（点火源）で、紙くずなど（可燃物）に火をつけることが多いということです。物が燃える時に必要な三要素のうち、空気という「酸素供給源」はもともとあり、「点火源」は放火犯が持って来るわけですから、私たちが備えられるのは「可燃物」の部分です。

有機化合物
炭素を含む化合物のこと。対義語は無機化合物。

空気
空気中に含まれる元素で一番多いのが「窒素」で約七八パーセントを占めている。その他にアルゴン、ネオン、ヘリウムなど多くの微量元素から構成されている。

したがって、放火による人的・物的被害を最小限に抑えるためには、「家やその周辺に、可燃物を置かないこと」が最も重要になります。もっと具体的に言えば、「郵便受けに、チラシや手紙、新聞などを溜《た》めておかないこと」、「ゴミは、収集日当日の朝に出すこと」です。

Q23 糸魚川市で発生した大規模火災は、どんな新しい動きにつながりましたか？

二〇一六年の年の瀬に、糸魚川市で大規模な住宅火災が発生しました。この大火災がもたらした、国の新しい動きとはどんなことなのか教えてください。

糸魚川大火災とは

二〇一六年十二月二十二日の午前十時すぎ、新潟県糸魚川《いといがわ》市の中華料理店から火災が発生しました。火災の現場は、ＪＲ糸魚川駅の近くで、市の中心部に近い場所でした。そのため、住宅も多く建っていました。それに加え、この地域では、その時間帯に、最大風速約一四メートルの強風が吹いていたため、すぐに燃え広がりました。午後〇時半頃、二七三世帯の五八六人に対し、避難勧告《ひなんかんこく》を出しました。午後四時半頃には、さらに九〇世帯の一五八人に対しても避難勧告を出しました。また、新潟県知事の要請を受けた陸上自衛隊が出動しました。鎮火《ちんか》までに約三十時間かかり、避難勧告が　解除されたのは、二十四日の午後四時でした。

糸魚川市
新潟県の一番西の端にある市で、西は富山県、南は長野県に接している。今回の火災の現場は、すぐに日本海という北側にある。

この火災によって、一四七棟（全焼の一二〇棟を含む）が焼け、焼失面積は約四万平方メートルにのぼりました。この火災による犠牲者はありませんでしたが、消火活動中の消防団員一五人を含む、計一七人が負傷しました。

一軒の住宅火災から大規模火災へ

この大火災は、中華料理店店主の火の消し忘れから始まりました。料理を提供する店ですから、一般の住宅とは火力や設備の面で多少の違いがあるかもしれませんが、少なくとも、特殊な化学物質を扱う化学工場のよう

2016.12.23

避難所 震える住民

火災現場近くの公園に避難する人たち＝22日午後8時17分、新潟県糸魚川市、恵原弘太郎撮影

自宅が焼けた住民たちは避難所などに身を寄せ、不安な夜を過ごした。

一時避難所となった市民会館は多くの住民が集まり、市職員らが対応に追われた。知人に連れられてきた一人暮らしの女性(70)は「友人の家が焼けた。自分の家もどうなっているか、全くわからない」と不安そうに話した。「駅前は古い家が多いから、火が広がってしまった。残念で、悲しい」

夫婦で避難してきた米田篤蔵さん(68)は「こんな大火は何十年ぶりだ」。心配そうに、市民会館の窓から見える炎と黒煙を見つめていた。現場近くの女性は、新潟県上越市にある娘の家から慌てて自宅に戻った。位牌や通帳だけを持ち出し、この日は友人宅に身を寄せるという。「とりあえず、命があってよかった。夜まで消火が続くのではないか。恐ろしい」

初期消火が重要

菅原進一・東京大学名誉教授（建築防災学）の話

木造住宅が密集する地域で起きた火災が強風で延焼した例は、1970年代までは各地で頻発していた。今回の火災は76年に山形県酒田市で起きた「酒田大火」に似ているが、それ以降は珍しくなった。こうした地域では路地が狭くて消防車が入りにくく、消火活動が遅れることがある。住宅火災は近年減っているが、密集市街地は各地に残っており、初期消火の重要性は変わらない。

悪条件重なった

関沢愛・東京理科大教授

延焼が広がった原因は三つあると思う。一つは建物の密集。二つ目は強風。三つ目は消防の能力。糸魚川市消防本部は比較的小規模で、初期消火に駆けつけられた消防車は6台だった。

った現場に対応するには足りなかったのではないか。

焼損棟数 過去20年で最大

消防白書によると、戦後に住宅や飲食店が焼けた市街地の大規模火災としては、1976年10月に山形県酒田市で1774棟15万2105平方㍍が焼損し、1人が死亡、1003人が負傷した大火がある。総務省消防庁によると、過去20年の市街地火災でみると、震災を除いて今回の焼損棟数が最大だという。

■過去20年の市街地での大規模火災

出火年月日	出火場所	火元建物用途	焼損棟数	焼損面積（平方㍍）
1997年9月3日	福岡県飯塚市	飲食店	24	3579
19日	愛知県津島市	住宅	21	2040
2002年2月11日	秋田県昭和町	併用住宅	22	2448
10月5日	大阪府豊中市	共同住宅	12	2374
04年5月2日	広島県因島市	住宅	25	4198
10年1月13日	大分県別府市	共同住宅	34	2767
13年11月25日	富山県魚津市	住宅	23	3259

総務省消防庁の資料から。東日本大震災を除く焼損面積2千平方㍍以上の住宅や飲食店の火災、自治体名は当時

糸魚川大火災を報道する記事

『朝日新聞』二〇一六年十二月二十三日付より。

糸魚川大火災の地図

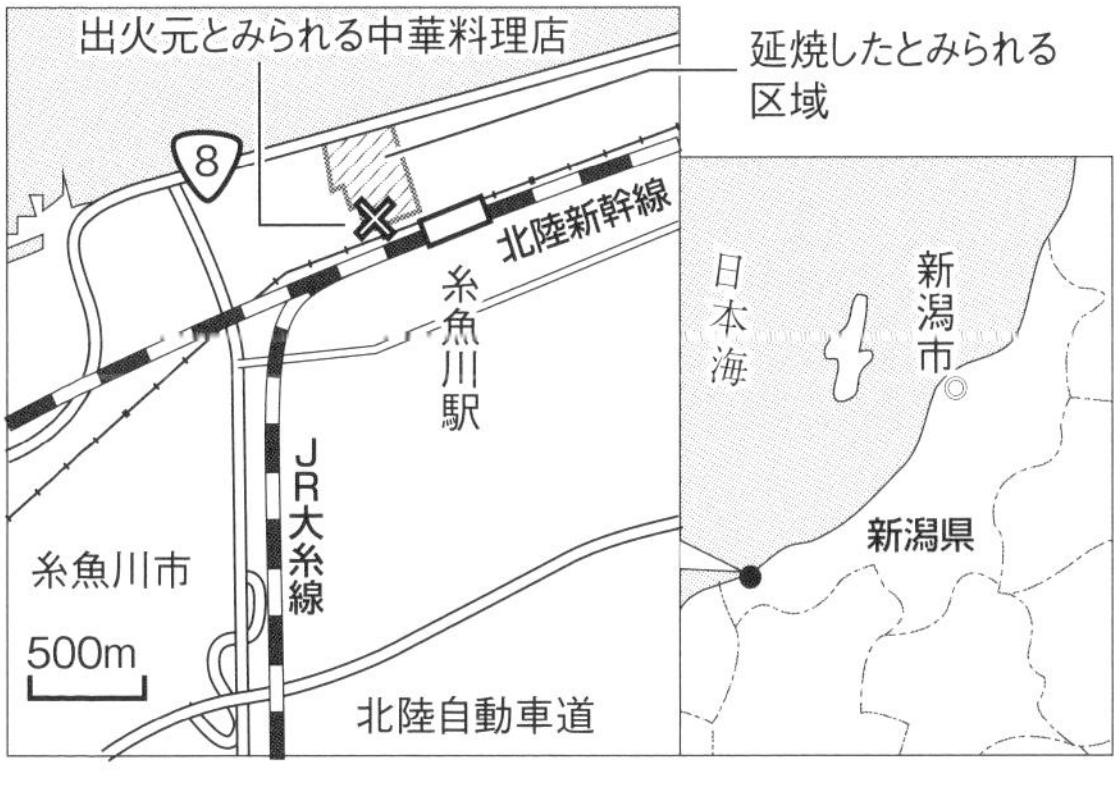

『朝日新聞』webサイトより作成
(http://www.asahi.com/topics/word/%E7%B3%B8%E9%AD%9A%E5%B7%9D%E5%A4%A7%E7%81%AB.html)

な施設ではありません。住宅火災でも、さまざまな条件が揃《そろ》えば、このように大規模化し、甚大《じんだい》な被害を引き起こすことが有りうる、という点を強く認識すべきでしょう。では、さまざまな条件とは、どのようなものだったのでしょうか。

まず、今回の火災で燃えた一帯が「木造住宅の密集地」だったことが挙げられます。昭和初期頃からの、既に九十年近く経っている建物も多いといいます。「非防火」タイプの木造建築が多かったでしょうし、一九八一年に導入された、現行の耐震基準も満たしていない可能性が高かったことになります。つまり、この一帯は、火災という「化学災害」に対しても、地震という「自然災害」に対しても弱く、被害を大きくしてしまう要因を抱えていたということになります。

一五〇棟近くが焼失した今回の火災は、地震による大規模火災を除くと、過去二十年間で最大規模のものです。

火災を「自然災害」とみなす

二〇一六年十二月三十日、内閣府は、「この大規模火災は、被災者生活再建支援法の適用対象になる」と発表しました（朝日新聞「糸魚川大火に支援金（二〇一六年十二月三十一日）」）。住宅火災ではありますが、強風にあおられて燃え広がって被害が拡大した点を、自然災害「風による災害」とみなしたためです。地震や津波、洪水といった自然災害ではない「火災」による被害に対して、このような決定がなされたのは、初のケースということです。

今回、もし、「強風による大規模延焼《えんしょう》」という条件がなければ、いくら大規模な被害が出ても、被災者生活再建支援法は適用されなかったかもしれません。しかし、住宅火災という「化学災害」によるものであろうが、「自然災害」によるものであろうが、住居や財産を失ったという点に違いはありません。

将来的には、「何の災害による被害か」ではなく、「どの程度の被害が出たのか」という点を基準に、被災者生活再建支援法が適用されるようになると良いと考えます。ただ、年末の慌《あわ》ただしい時間の中で、これまでとは異なる決定を下した点は、大きな一歩として評価できるでしょう。

被災者生活再建支援法
自然災害によって、生活の基盤を大きく傷つけられた人たちに、支援金を支給し、生活再建の後押しをすることが法律の目的である。これまでの状況を見ると、台風や大雨による被害に対しての適用が多い。

Q24 住宅で起こりうる爆発事故には、どのようなものがありますか？

火災以外にも、住宅で起こる可能性のある化学災害はありますか？　爆発事故の具体例とともに、気をつけるべき点についても教えてください。

爆発事故が起きるのは、化学工場などの施設だけではありません。私たちが暮らす住宅でも起こることがあります。その原因として、気をつけるべきものがいくつかあります。

ガスの爆発

住宅で発生する爆発で真っ先に思い浮かぶものは、「ガス」に関係した事故でしょう。オール電化システムの導入が進んできているとはいえ、ガスを利用している家庭は多いと思います。

二〇一五年の一年間に発生した、都市ガスおよび液化石油ガス関連の事故で、消防が出動したものは、六九二件起きました。このうち二九・三パ

オール電化システム
台所、お風呂、冷暖房など、家庭内で使うエネルギーを、全て電気で賄《まかな》うシステム。

ーセントにあたる二〇三件が爆発・火災事故でした。その結果、三名が亡くなり、一〇九名が負傷しました。発生件数は少なかったものの、犠牲者の六〇・〇パーセント、負傷者の八八・六パーセントは、爆発事故から出ています（総務省消防庁『平成二十八年版　消防白書』）。

Q１の事例三で見たように、ガスが周辺に充満している中で火を使ってしまうと、爆発や火災に発展することがあります。ガスの漏えい事故から、爆発・火災事故への発展を防ぐために、様々な対策も講じられていま す。例えば、最近では、地震の強い揺れを感知した時や、コンロに火がついていないのに、ガスが出続けている時などに、自動的にガスが止まったり、警報が鳴ったりします。このように、以前と比べると、ガス爆発事故を起こりにくくするシステムも導入されていますが、これだけ発生しているのです。やはり、ガスを使っている間は、その場所から離れない、他の仕事をしないなど、私たちの注意が重要だと思われます。

スプレー缶の爆発

ガス爆発のほかには、「スプレー缶」に関する爆発事故が挙げられます。

現在、スプレー缶に入った形で販売されている製品は、整髪料、制汗剤、殺虫剤、虫よけスプレーなど多岐《たき》にわたっています。皆さんも、一度はこのような製品を利用したことがあると思います。

スプレー缶は、使用している最中にも、使用が終わった後にも取り扱いに注意が必要な製品です。使用中には、Ｑ１の事例一で見たように、引火して火災に発展することもあります。火の近くでは噴射しないように気をつけなければいけません。

また、使用後には、穴あけ処理の際に事故の可能性があります。自治体によっては、スプレー缶をゴミとして出す前に、缶に穴をあけておくよう、ゴミ出しの規則に書かれていることがあります。製品を使い切ったと思っても、完全に無くなっていない状態で穴をあけようとすると、爆発事故につながることがあります。これまでにも、Ｑ１の事例二のような事故、ゴミとして収集された後、収集車で爆発が起きたこともあります。こういった事故を防ぐため、最近では、スプレー缶の穴あけ処理をせず、ゴミとして出すように指定する自治体も出てきました（例：東京都大田区／大阪府豊中市）。

スプレー缶の穴あけ処理をしないよう指定する自治体
大田区ＨＰより（http://www.city.ota.tokyo.jp/seikatsu/gomi/shigentogomi/supureikan_kasai.html）

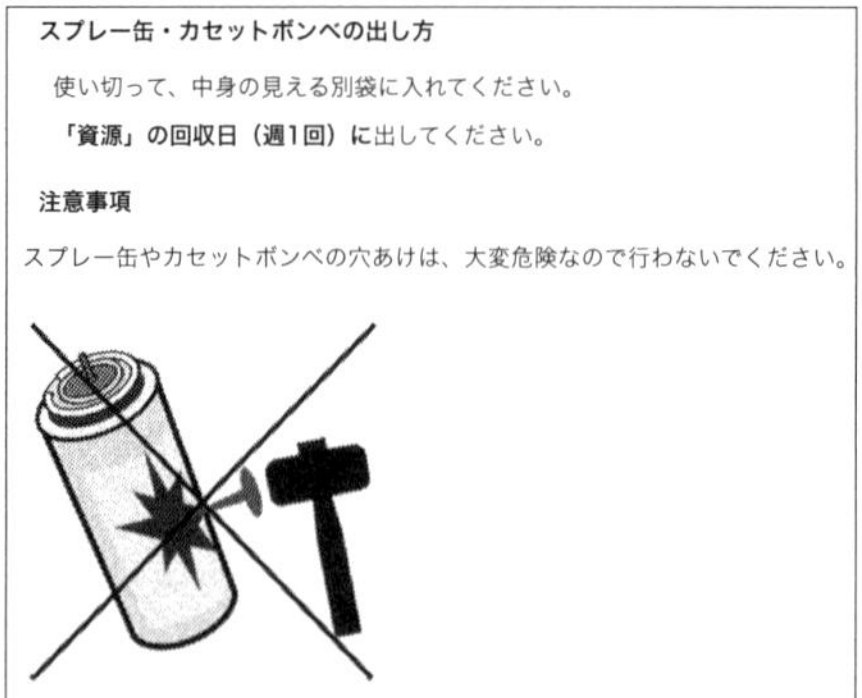
スプレー缶・カセットボンベの出し方

使い切って、中身の見える別袋に入れてください。

「資源」の回収日（週1回）に出してください。

注意事項

スプレー缶やカセットボンベの穴あけは、大変危険なので行わないでください。

正しく排出されないと車両火災の原因となります。

花火の爆発

ガス爆発やスプレー缶の爆発に比べれば数は少ないですが、花火による爆発事故もあります。例えば、正しい場所に点火しなかったこと、正しい持ち方をしていなかったことなどが原因で爆発が起きています（日本煙火協会「事故事例」）。

また、花火をする場所も正しく選ばないと、飛んだ火花から火災につながることもあります。注意書きを守って遊ぶのであれば、花火は楽しいですし、きれいなものです。しかし、花火は火を使う玩具ですから、基本的に大変危険なものだと認識しておかなくてはなりません。花火は、燃える物が近くにない屋外で、消火用の水を用意したうえで楽しみましょう。

洗剤の爆発

台所用、風呂用、トイレ用、窓ガラス用など、皆さんの家にも、用途に応じて複数の洗剤が常備されていませんか。洗剤は、その性質によって、酸性洗剤、中性洗剤、アルカリ性洗剤の三種類に大別されます。どん

豊中市ＨＰより（http://www.city.toyonaka.osaka.jp/kurashi/gomi_ri saikuru_bika/bunbetsu_dashikata/akikankiken.html）

分け方・出し方のルール

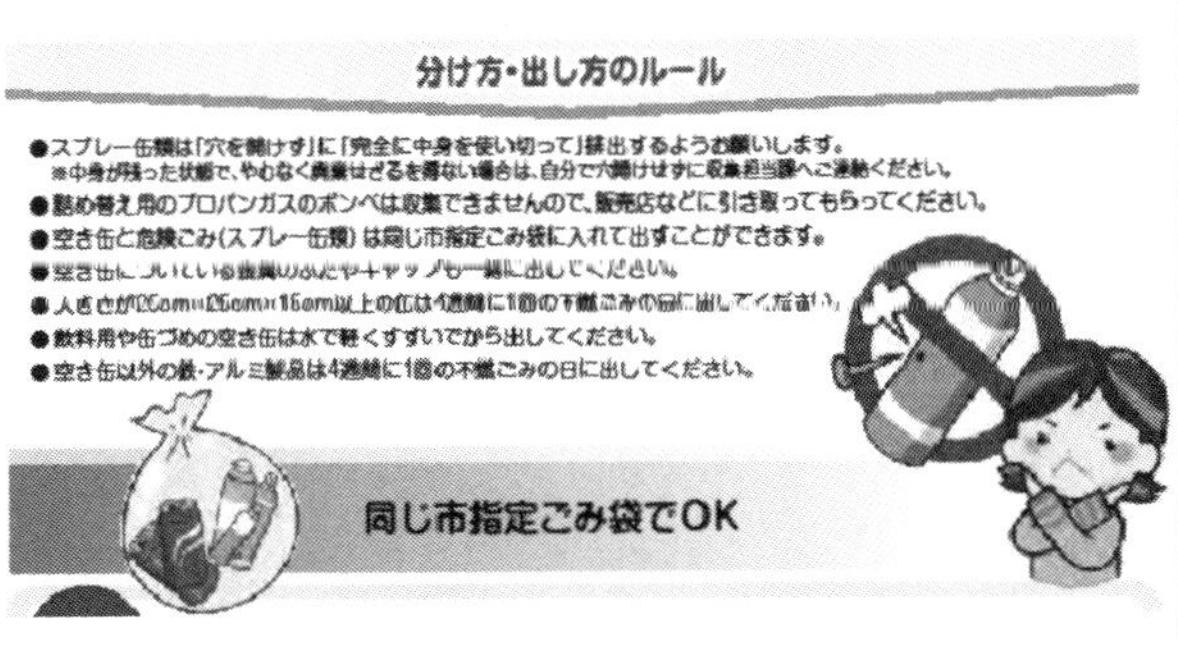

スプレー缶類は「穴を開けず」に「完全に使い切って」排出するようにお願いします。

な汚れを落としたいのかによって、これらの洗剤を使い分けています。例えば、トイレの汚れ、水垢《みずあか》を落とす時には酸性洗剤、食器洗いをする時には、主に中性洗剤、そして、油汚れ、タンパク質汚れにはアルカリ性洗剤を用います。

酸性洗剤やアルカリ性洗剤は、取り扱いに注意が必要です。これらを大容量の容器で購入し、他の容器に小分けして保存する際、アルミニウム製の容器に入れたことによる爆発事故があります。酸とアルカリは、アルミニウムに接触すると化学反応を起こし、水素が発生します。蓋《ふた》がされていると、化学反応によって発生した水素が爆発を起こします。二〇一二年には、事故現場は住宅ではなく、列車内でしたが、爆発事故が起きました。それほど大きな被害は出ませんでしたが、酸性洗剤やアルカリ性洗剤、アルミニウム製の容器という、私たちが普段から使用する製品でも、一歩間違えば大きな事故につながりうることに注意しましょう。酸性洗剤やアルカリ性洗剤は、買った時の容器のまま保存し、移しかえないことが重要です（齋藤勝裕『本当はおもしろい化学反応』／東京消防庁「洗剤の事故」）。

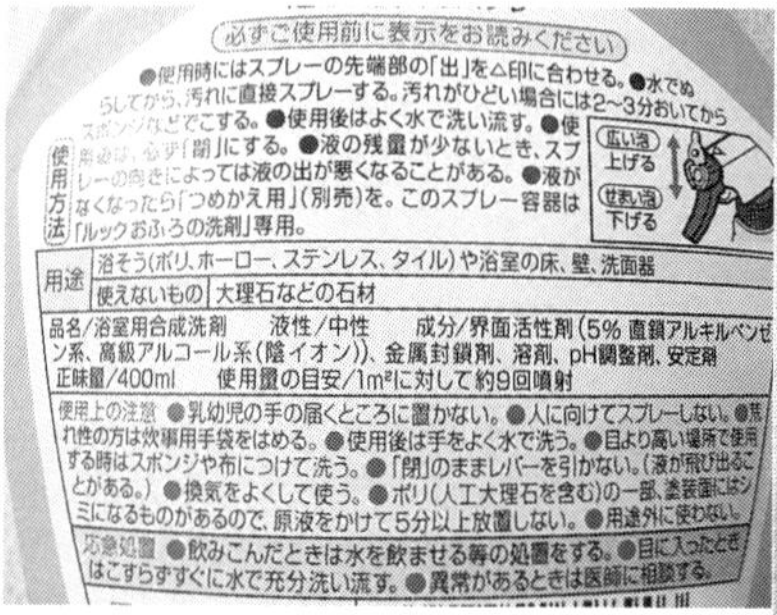

洗剤

Q25 住宅で起こりうる漏えい事故には、どのようなものがありますか？

爆発以外にも、住宅で起こる可能性のある化学災害はありますか？　漏えい事故の具体例とともに、気をつけるべき点についても教えてください。

漏えい事故が起きるのは、化学工場などの施設だけではありません。私たちが暮らす住宅でも起こることがあります。その原因として、気をつけるべきものがいくつかあります。

ガスの漏えい

住宅で発生する漏えい事故においても、「ガス」は大きな被害を引き起こす可能性がある物質です。Q24でも見たように、二〇一五年に消防が出動したガス関係の事故は六九二件で、その七〇・七パーセントの四八九件が漏えい事故でした。その結果、二名が亡くなり、一四名が負傷しました。漏えい事故の発生件数は、全事故の約七割を占めていますが、死傷者は爆発・火災事故よりも少なかったことが分かります（総務省消防庁『平成二十八年版　消防白書』）。

ガスが漏えいした時には、独特の臭いがするので、私たちの鼻で感知することもできます。ガスの臭いがしたら、火気は厳禁です。火花が飛ぶような作業も危険なので、控える必要があります。ガスの漏えい量を増やさないように、使っていた火気を消し、ガスの元栓を閉め、窓や扉を開けて換気します。そして、速《すみ》やかにガス会社に連絡しましょう（経済産業省「ガス漏えい爆発事故」）。このように、落ち着いて対処すれば、爆発・火災事故への発展や、一酸化炭素中毒も防ぐことができるでしょう。

硫化水素の漏えい

ここ十年近く、硫化水素の漏えい事故も無視できません。自分の不注意やミスによって起きる事故というよりも、硫化水素自殺の影響が他の住宅にまで及ぶことによる、巻き添え事故という形が多いです。

日本は、本格的な人口減少社会に入り始めました。人口が減るということは、生まれる数より亡くなる数の方が多いということです。人が亡くな

独特の臭い
私たちが利用しているガスは、もともと無臭の物質である。しかし、無臭のままだと、漏えいした時に気づけず、大事故を引き起こしかねない。それを防ぐために、玉ねぎの腐ったような臭いが、人工的に付けられている。

る原因は、病気をはじめ数多くありますが、日本の自殺者数は、先進国の中でも多いです。一九九八年から二〇一一年までは、十四年連続で自殺者が年間三万人を超えていました。ここ数年、交通事故による犠牲者は五〇〇〇人を下回っていますから、いかに自殺者が多いかが分かります。

自殺を図る人たちは、様々な手段を選びます。硫化水素による自殺もその一つです。インターネットの発達により、硫化水素を発生させる方法を簡単に知ることができるようになりました。二〇〇八年頃から、硫化水素による自殺が目立ってきたと言われています。集合住宅の住民の一人が硫化水素自殺を図り、漏えいした硫化水素を吸い込んだ他の住民も気分が悪くなって搬送された、という事故も実際に起きています。

現在、特に都市部では、隣人のことを全く知らなくても暮らしていけます。自分自身が気をつけていても、漏えい事故に巻き込まれることもある、ということを認識しておく必要があります。

塩素の漏えい

洗剤や漂白剤は、爆発事故だけでなく漏えい事故にも注意しなくてはい

硫化水素
硫黄《いおう》と水素の無機化合物。空気より重い、無色の気体。腐った卵のような刺激臭がする。

けません。それは、塩素の漏えい事故です。皆さんは、トイレ用の洗剤などに大きく書いてある「混ぜるな　危険！」という警告表示を、一度は見たことがあると思います。アルカリ性の汚れに対しては、逆の性質を持つ酸性の洗剤を用います。その「酸性」の洗剤と、成分に「塩素」が含まれているカビ取り剤や漂白剤を混ぜると、有毒な塩素ガスが発生します。相当量の塩素ガスを吸い込んだ場合、死にいたることもありますから、十分に注意して取り扱わなくてはなりません。

　また、酸性の洗剤と塩素系のカビ取り剤や漂白剤を意識的に混ぜなくても、塩素ガスが発生する事故が起こりえます。例えば、酸性洗剤を完全に流しきっていない場所で、塩素系のカビ取り剤や漂白剤を使った場合です。また、逆の場合も該当《がいとう》します。

　塩素の漏えい事故を防ぐためには、これらの洗剤や漂白剤を別々に使用すること、使い終わったら十分に洗い流すことが重要です（齋藤勝裕『本当はおもしろい化学反応』／東京消防庁「洗剤の事故」）。

「混ぜるな　危険！」という警告表示

プロブレムQ&A

V 化学災害対策の現状と今後のありかた

Q26 政治の世界では、化学災害をどのように扱っていますか？

最近は、選挙の際に、それぞれの政党からマニフェストが発表されますが、化学災害についてはどの程度触れられているのかについて教えてください。

最近の選挙では、マニフェストと呼ばれる選挙公約が、各政党から出されます。マニフェストには、政権を担ったらどのような政策を進めていくのか、について書かれています。一定の書式があるわけではないので、政党ごとに異なる部分もありますが、内容は、外交や安全保障、国内政治、経済政策など多岐にわたっています。

二〇一七年九月末、衆議院が解散となりました。「自由民主党と公明党という巨大与党に対抗するため」という大義名分のもと、野党の枠組みが変わりました。また、急な解散だったということもあり、各党のマニフェストがきちんと出揃っていません。

そこで、二〇一六年の夏におこなわれた第二十四回参議院議員選挙に、

マニフェスト

元々は、「声明」や「宣言」を意味する言葉。三重県知事だった北川《きたがわ》正恭《まさやす》が提唱し、二〇〇三年の統一地方選と衆議院選挙以降、急速に広まった。その年の暮れには、「新語・流行語大賞」の大賞に選ばれた。

立候補者を出した主要政党のマニフェストを使って検証しました。

各政党のマニフェストから見えてくること

どの政党のマニフェストにおいても、地震をはじめとした「自然災害」への目配りはされていましたが、「化学災害」に関する記述はほとんどありませんでした。このことは、大きな問題だと考えられます。

このように言うと、「爆発や火災に関する仕事をおこなう消防本部は、地方自治体にある。したがって、国政に関するマニフェストに、化学災害についての言及がなくても当然だ。」、または、「全ての政策をマニフェストに掲載《けいさい》できるわけではない。他の課題と比較して、優先順位がそれほど高くない化学災害については、触れてなくても大きな問題ではない。」といった反論があるかもしれません。

確かに、これらの考え方にも一理あるでしょう。しかし、国政政党のマニフェストには、個別の政策とともに、今後の日本をどのような社会にしたいのか、という中長期的なビジョンも示す必要があります。

本書の第Ⅲ章を中心に見てきたように、現在、化学災害の発生件数は高

主要政党

自由民主党、公明党、おおさか維新の会（現在は、日本維新の会）、民進党、共産党、社会民主党、自由党（当時は、生活の党と山本太郎と仲間たち）の七党。

「化学災害」に関する記述

唯一、公明党のマニフェストにおいて、「火災」も、自然災害とともに、大規模災害の一つとして明示されていた。この点が、他党のものと比べた時に、大きな違いとなっている。

止まりしています。これまでのところ、その規模や被害は、自然災害と比較すれば小さく済んでいますが、このような状態が今後も続くとは限りません。必要な技術やスキルの継承《けいしょう》ができていない人的状況や、安全面やメンテナンスにコストをかけていない物的状況を改めなければいけません。もし、化学災害対策を、今のうちに講じ始めなければ、近い将来、取り返しのつかない大災害が起きることも考えられます。問題の芽は、できるだけ小さいうちに摘んでおく必要があります。

それゆえ、国政政党は、自然災害とともに、化学災害にも目配りすべきなのです。

Q27 行政は、化学災害に対してどのように取り組んでいるのですか？

国や都道府県、市区町村といった行政は、化学災害に対してどんな取り組みをしていますか。また、どんな改善点があるのかについても教えてください。

Q26では、国政を担う主要な政党が、化学災害についてどれだけ目配りできているのかについて見てきました。ここでは、行政の分野において、化学災害に対してどのような対応をしているのか見ていきます。

災害を防ぐために果たすべき行政の役割

ここまで、何度も言及してきたように、日本では、自然災害はもちろん、化学災害も多く発生しています。

・災害による被害を想定し、ハザードマップを作成、公表する。
・地域の危険に関する情報や、安全を確保するための対策を住民に公開する。

・避難計画など、災害が発生した時、どう動くかについての計画を策定する。
・住民を巻き込んで、防災まちづくりを考える。
・消防、警察と連携し、住民とともに、防災訓練を定期的におこなう。
行政に期待されるのは、このような仕事を遂行《すいこう》することだと、瀧澤は指摘しています（瀧澤忠徳『消防・防災と危機管理　第三次改定版』三一四頁）。

消防

歴史の好きな人なら、江戸時代の江戸（現在の東京）は、火災が多かったというのはご存じでしょう。現代と違って、家屋も燃えやすい材料（木材、藁《わら》、萱《かや》など）が多く使われていました。また、建物が密集している地域も多くあり、一回火が出てしまうと、延焼《えんしょう》し、大火に発展してしまうこともたびたびありました。

「村八分」という言葉があります。これは、日常生活を送る際には、ある人を無視していても、残りの二分である「火災」と「葬式」の時だけは、協力するという意味です。いじめている相手に対しても手を差し伸べなく

大火

江戸の三大大火として有名なのは、まず、一六五七年の「明暦の大火」である。二〇平方キロメートルも焼失し、死者が一〇万人以上出た。次が、一七七二年の「明和の大火」である。目黒から出火して、浅草や千住方面まで焼けた。一万四七〇〇人の犠牲者が出た。三つ目が一八〇六年の「文化の大火」である。死者は、他の二つの火災より少なく一二〇〇名ほどだったが、五三〇町が焼けた（消防防災博物館「江戸時代の大火」／日本火災学会『はじめて学ぶ建物と火災』）。

てはならない、火災は、当時の人たちにとっても、そのくらい大きな災害でした。

江戸幕府は、数多く発生する火災に対応するために、火消《ひけし》という組織を置きました。これが、公的な消防制度の始まりと言われています。ただし、これは江戸だけで、それ以外の地域での整備が進むのは、さらに時代が進んでからになります。

第二次世界大戦後の一九四八年に、消防組織法が施行されました。これにより、消防が警察から分離されました。そして、地方分権の一環《いっかん》として、消防の権限と責任を市町村長が持つという「自治体消防制度」がスタートしました（瀧澤『前掲書』）。消防は、もともと、火災の際の「消火」が主な任務でしたが、現在は、「救急」や「救助」も含んでいます。法制度が整備され、果たす役割が大きなものになってきています。

防災

二〇〇一年に、中央省庁が再編され、既存《きそん》の省庁が分割・統合されました。その時に新設されたのが内閣府です。以前は、国土庁防災局が、「災害予防」、「災害応急対策」、「災害からの復旧・復興」といった、防災に関連した業務を担ってきましたが、これらが内閣府に移されました。防災担当大臣も任命されるようになりました。

内閣総理大臣を会長とする中央防災会議が、災害対策基本法にもとづいて設置されています。防災に関する業務や権限が、多くの省庁に分散しているため、それらを調整したり、計画的に運営したりするために、中央防災会議が設けられました。現在、中央防災会議は、「重要政策に関する会議」の一つとして位置づけられ、機能が強化されています（伊藤廉『日本の災害対策のあらまし』）。

災害の行政に関する問題点

分担している仕事に違いはありますが、「消防」も「防災」も、自然災害やその他の各種災害や事故に対応しなくてはならない点は共通しています。消防に関しては、総務省の外局として設置された消防庁が管轄《かんかつ》しています。国において、災害対応の中心となるのは、内閣府と消防庁です。

さらに、法律には、所管《しょかん》省庁があります。災害関連の法律も例外ではあ

内閣府
二〇〇一年の中央省庁再編の際、総理府、経済企画庁、沖縄開発庁、国土庁防災局などを統合する形で新設された。

総務省
二〇〇一年の中央省庁再編で、自治省、総務庁、郵政省が統合されてできた。地方自治、電気通信、放送、電波利用などを担当する。

りません。内閣府と消防庁の他にも、国土交通省、農林水産省、経済産業省、財務省、防衛省、警察庁など、多くの省庁が災害関連の法律を所管しています。

内閣府は、他の省庁よりも一段高い立場から、企画立案や総合調整をおこなうわけですが、内閣府の業務は数多くあり、防災だけ担当しているわけではありません。

現在、日本では、激甚《げきじん》災害に指定されるような自然災害が、毎年発生しています。災害の規模によっては、被災地域だけでなく、国全体の政治経済に大きな影響を与える可能性があるわけです。

今さら省庁再編、と言われるかもしれませんが、防災省というような、災害対応に特化した省庁が必要なのではないでしょうか。

災害関連法の所管省庁

国土交通省は、建築基準法、都市計画法、河川法など

農林水産省は、森林法

財務省は、地震保険に関する法律

防衛省は、自衛隊法

厚生労働省は、雇用保険法

法務省は、保険法

など、多岐にわたっている。

内閣府の業務

主なものだけでも、地方分権改革・地方創生、規制改革、知的財産・クールジャパン、防災、沖縄及び北方対策、勲章・褒章《ほうしょう》、男女共同参画など多岐にわたる。

Q28 災害に関連する法律は、どのように整備されていますか？

災害の多い国である日本には、どのような法律が制定されていますか。また、どうすれば、より効果的に災害に対応できるかについて教えてください。

日本には、憲法をはじめ、民法、刑法、商法などたくさんの法律があります。その中で「災害」について言及している法律は、一一五〇以上あり、主要な法律を数えるだけでも一〇〇を超えているそうです。

特に、第二次世界大戦後、地震や台風などの災害を受けて、法律が次々と制定されました。その数は、戦後約十年の間で一〇〇本以上にのぼると言います（津久井進『大災害と法』）。

それぞれの災害に対応する形で法律が整備されたため、整合性が取れていない状況でした。

そこで、一九五九年九月の伊勢湾台風をきっかけにして、バラバラだった災害対策を一本化するために、災害対策基本法が制定されました。

伊勢湾台風

一九五九（昭和三十四）年九月の台風十五号の被害は、死者が四六九七名、行方不明者が四〇一名、負傷者が三万八〇〇〇人を超えた。壊れたり流されたりした家屋は、一五万棟以上あった。

法律における災害とは

災害に言及している法律は、多分野にわたっており、それぞれの法律の役割も違いますから、「災害」の定義も、少しずつ違っています。

災害対策基本法においては、他の法律における「災害」の説明を包含《ほうがん》できるような定義づけがなされています。災害対策基本法の第二条第一項で、主として「自然現象」、「大規模な火事若《も》しくは爆発」という、二つの事象による被害を指すとしています。つまり、地震や台風などの自然災害だけでなく、本書で取り上げてきた化学災害も「災害」であることが、きちんと法律で定義されていることが分かります。

災害対策基本法

災害対策は、大きく三つに分かれます。まず、災害が発生する前の「予防」で、次に、災害が発生した時に「応急対策」が講じられ、そして最後に、災害からの「復旧・復興」が来ます。

災害対策基本法は、第一条で、この中の「予防」に力を入れていくとう

自然現象

暴風、豪雨、豪雪、洪水、地震、津波、竜巻など。

たっています。最近では、何らかの事態が発生してから、対策を講じ始める対処療法《たいしょりょうほう》よりも、起こりうる事態を想定して、予防的に対応していくことが主流になってきています。現在の世界の動きを、半世紀以上も前に、法律の条文上では体現していたことになります。

災害の予防に関する法律

災害予防に関係する法律も、様々な分野で制定されています。主なものを挙げてみましょう。「砂防法」、「森林法」、「河川法」、「豪雪地帯対策特別措置法」、「活動火山対策特別措置法」、「地震防災対策特別措置法」など、自然災害から国土を保全するための法律が多いことが分かります。

「海洋汚染等及び海上災害の防止に関する法律」や「石油コンビナート等災害防止法」は、化学災害に関する法律です。しかし、これらは、災害対策基本法と同じ「基本法」に分類される法律で、災害予防に関係する法律ではありません（伊藤廉『日本の災害対策のあらまし』）。

Q6で見たように、化学物質に関する法律は、多岐にわたって存在しています。これらは、明治時代以降の近代日本が、工業化し、発展する中で発生した多くの公害などに対応するために制定されました。つまり、これらの法律は、ヒト、生態系（他の動物や植物）、自然環境への有害性、汚染などを規制するために作られたわけです。

一方で、爆発、火災、漏えいといった災害に関しては、

・危険物：　消防法
・毒物や劇物：　毒物及び劇物取締法
・高圧ガス：　高圧ガス保安法

という形で対応してきました。

これまで訴えてきたとおり、化学災害は、石油コンビナートのような大規模な化学工場だけでなく、町工場のような小さな工場でも起こりうるわけです。それに加え、住宅火災も化学災害と考えるよう、発想の転換をすべきだとも説明してきました。たとえ、自然災害の規模に比べて小さなものだとしても、化学災害発生の危険性が、これだけ身の回りにたくさんある状況です。「化学災害予防法」と呼ばれる、災害予防関連の法律の制定も視野に入れるべきではないでしょうか。

Q29 化学災害の被害を小さくするため、どのような都市政策が重要ですか？

高齢化が進み、人口が減っていく日本社会では、化学災害からの被害を抑えるために、今後、どういったまちづくり政策が必要になるのか教えてください。

空き家の数を減らす

現在の日本社会は、大きな分岐点に差し掛かっています。本格的な人口減少社会に突入したことです。

二〇一五年におこなわれた国勢調査の結果によると、外国人の数を含んだ日本の総人口は、一億二七〇九万人でした。前回調査（二〇一〇年）時に比べ、九六万人以上減りました。国勢調査は、一九二〇年からおこなわれるようになりましたが、日本の総人口が減少したのは、初めてのケースだということです。そして、二〇一七年四月に発表された、二〇一六年十月一日時点での人口推計では、その数はさらに減っていました。日本のケースのような、少子化や、人々の高齢化を伴う人口減少は、化学災害にど

二〇一六年十月一日時点での人口推計

日本の総人口は、一億二六九三万人であった。国勢調査から一年で、一六万人以上減ったことになる。

のような影響を与えるのでしょうか。

まず、日本で暮らす人の数が減れば、必要な住宅の数も少なくなります。二〇一三（平成二十五）年の住宅・土地統計調査によると、二〇一三年十月一日の時点で、日本にある総住宅数は、六〇六二万九〇〇〇戸でした。そのうち、空き家は八一九万六〇〇〇戸あり、空き家率は一三・五パーセントでした。これは過去最高の数字で、一九五八年の調査開始以来、減ることなく増え続けています。

それに加え、ただでさえ少なくなっている若者が、仕事を求めて東京をはじめとした都市部に集まってきて、地方の高齢化と過疎化が進んでいます。二〇一七年の時点では、「都市部への人口集中、地方の過疎化」という状態です。このまま、少子高齢化が進んでいったら、二十一世紀の半ば頃には、「都市部の超高齢化、地方の消滅」が現実のものとなるでしょう。

空き家の数の増加は、住宅火災の発生数に影響を与えると考えられます。まず、空き家の数が増えれば、放火の危険性は高まります。一つ目の理由は、住む人がいないため、監視の目がなく、放火犯が簡単に忍び込めるからです。二つ目の理由は、管理も行き届いていないことが多く、枯草

空き家

ここには、賃貸《ちんたい》用、売却《ばいきゃく》用として供給できる住宅が過半数（五六・二パーセント）含まれている。したがって、住人が引っ越したり、亡くなったりしたことで廃屋同然《はいおくどうぜん》になった空き家ばかりがカウントされているわけではない。

空き家率

総住宅数に占める空き家の割合のこと（総務省統計局「平成二十五年住宅・土地統計調査（確報集計）結果の概要」）。

やゴミなどの燃えやすい物もたくさん敷地内にあるからです（空家・空地管理センター「放火による火災」）。

また、高齢化の進行も、住宅火災による死傷者数に影響を与えると考えられます。火災の発生に気づくのが遅れたり、素早く避難することができなかったりする高齢者は、逃げ遅れて被害に遭《あ》う可能性が高くなるからです。例えば、二〇一五年一年間の火災による犠牲者のうち、約六五パーセントが六十五歳以上でした。高齢になればなるほどその数は増えています（総務省消防庁『平成二十八年版　消防白書』）。

現在、二〇二〇年の東京オリンピック・パラリンピックに向けての準備が進んでいます。競技開催の施設だけでなく、高層マンションなども多く建てられています。これらの中には、税金対策や投資の一環《いっかん》として購入される家もあり、家屋供給は過剰と言って良いでしょう。

政治の世界では、ここのところ、「規制緩和」が常に叫ばれています。「既得権益《きとくけんえき》」を守りたがる人たちを、まとめて「抵抗勢力」や「敵」と位置づけ、「規制緩和」を訴える側は、全て正しいのだという風潮《ふうちょう》さえあります。しかし、必要な規制というのもあるはずです。例えば、「一定の空き家率を超えた地域には、原則として新築の住宅は建築できない」というような制限も必要ではないでしょうか。それよりも、高齢者の増加に合わせ、災害の際に、できるだけ避難しやすい住宅への建て替えに人や金を投入する方が、化学災害の被害を小さくするうえで重要だと思われます。

住工共存

万が一、化学災害が発生しても、その影響が全く及ばないくらい、住宅地と工場を完全に離したまちづくりは可能でしょうか。安全を最も重要だと判断すれば、一つの考え方として有りうるかもしれませんが、いくつかの点で現実的ではないでしょう。

まず、国内の企業の数の多さが挙げられます。現在、日本には、三八二万の企業があります。これらは、従業員の数や、資本金額によって、大企業、中規模事業者、小規模事業者の三つに分けられています。大企業は、約一万一〇〇〇社で、国内企業のわずか〇・三パーセントを占めるにすぎません。残りの九九・七パーセントは中小企業です（中小企業庁調査室「二〇一七年版　中小企業白書　概要」）。特に、常時雇用される従業員が、最大

大企業
大企業では、一四三三万人が働いている。

中規模事業者
約五五万七〇〇〇社あり、一二二三四万人が働いている。

小規模事業者
小規模事業者で働いているのは、一一二七万人。

でも二〇人以下という小規模事業者が圧倒的《あっとうてき》に多く、三二五万二〇〇〇社あります。

次に、人口密度の高さが挙げられます。三七・八万平方キロメートルという、狭い日本国内に、一億二六〇〇万人以上が暮らしています。世界でも有数の人口密度の高い国の中で、従業員数が二〇人以下という小規模な事業者が、三二五万以上も操業しています。これらは、広大な敷地の中に、巨大な工場がいくつも稼働《かどう》しているコンビナートのような施設とは全く異なります。皆さんは、「町工場」という言葉を耳にしたことがあると思いますが、住宅地の中で作業している小規模事業者も多いのです。そして、家族や親類が主な従業員で、彼らの居住場所も工場に隣接《りんせつ》して確保してあるというようなケースもあります。つまり、私たちが日々の暮らしを営む「住宅」と、化学災害を起こしうる「工場」とが混在している地域もあるということです。

そして、何より、新しいコンセプトのもとでまちづくりをする場合、一から建造物や道路の場所や広さを決められるだけの更地《さらち》が必要になります。日本は、土地や住宅を、財産として所有することが認められています。いくら「公共の福祉」に供するとは言っても、新しいまちづくりのために、今ある住宅や道路をわざわざ壊して造り直すことは、非現実的です。

このような条件のもとで、今後、化学災害からの被害を少しでも小さく抑えるためには、「住工共存」という考え方が重要になってきます。例えば、東京二三区の一つで「ものづくり」のまちとして有名な大田区は、住宅地と工場の共生のために、

・騒音や振動が、周辺の住宅地に影響を与えないよう配慮する
・住宅地に合わせて、工場の外観をおしゃれにする

などの工夫をしています。

第二次世界大戦が終わった後、工業の発展に伴《ともな》って、典型七公害が問題となりました。東京都大田区の場合、その中に含まれる「騒音」と「振動」について、特に気をつけているということです。また、住工共存に取り組んでいるその他の地方自治体のホームページを見ると、先に挙げた「騒音」と「振動」の他に、「ホコリや粉塵《ふんじん》」、「におい」、「車の出入りに伴う交通渋滞や事故」に注意していることが分かります。

典型七公害
私たちの生活に著《いちじる》しく支障をきたす、大気汚染、水質汚濁、土壌汚染、騒音、振動、地盤沈下、悪臭の七つを指す。

これらは、もし、対策を講じなければ、住宅地に暮らす人たちからの「操業差し止め請求」や「移転要求」の運動につながるため、配慮が必要なことは確かです。しかし、これだけでは、まだ十分とは言えません。「化学災害の防止や、被害の最小化」という観点が欠けているからです。

これまでにも、住宅地と工場の混在地域で化学災害が発生して、住民の日常生活に多大な影響を与えた例があります。それに加え、Q17で見たように、取扱量や保管量などから、届出義務があるのに届出を怠っていた工場での事故も、毎年どこかで起きています。

住工共存のためには、工場の周辺住民が、「安全が確保され、安心して日常生活を送ることができる」という点も、非常に大切になります。つまり、「化学災害の予防」という視点も、対策を講じる際に必要だということです。

Q30 マス・メディアは、化学災害をどのように報道していますか？

化学災害のニュースは、新聞やテレビなどであまり扱われていないと思うのですが、マス・メディアは、どの程度伝えているのか教えてください。

私たちは、世の中で起こっている出来事の多くを、マス・メディアの報道を通じて知ります。皆さんは、化学災害についてのニュースをテレビで見たり、新聞やインターネットで読んだりしたことがあると思います。

火災については、二〇一六年の年の瀬に新潟県糸魚川《いといがわ》市で発生した大規模なものだけでなく、ボヤ程度の小規模なものまで、毎日のように目にしたり耳にしたりします。また、特に空気が乾燥する冬場には、天気予報のコーナーで、火災に注意するように呼びかけもおこなわれています。

では、化学工場などで発生した化学災害はどうでしょうか。第Ⅲ章で見たように、化学災害は、規模の大小を問わず数多く発生し、しかも高止まりしています。決して楽観視《らっかんし》できないこの状況を、マス・メディアは、きちんと伝えているとは言えません。二〇一七年一月下旬という、ほぼ同じ時期に発生した化学災害と自然災害をもとに、マス・メディアの取り上げ方がどのように違ったのか比較してみたいと思います。

化学災害：東燃ゼネラル石油有田工場での火災

二〇一七年一月二十二日午後三時五十分頃、和歌山県有田市で操業する東燃ゼネラル石油有田工場で、火災が起こりました。稼働《かどう》中の石油精製プラントから出火した時には、約十人の従業員が作業をしていました。この火災は、出火から一日半以上経《た》った一月二十四日午前八時二十五分頃に鎮火しました。

有田市は、この火災を受けて、工場周辺の一二八一世帯、約三〇〇〇人の住民に対して避難指示を出しました。

自然災害：鳥取県で大雪のため、車が立ち往生

強い寒気の影響で、西日本各地で大雪となりました。そのため、二〇一七年一月二十三日の午後から二十四日の早朝にかけて、鳥取県内の高速道

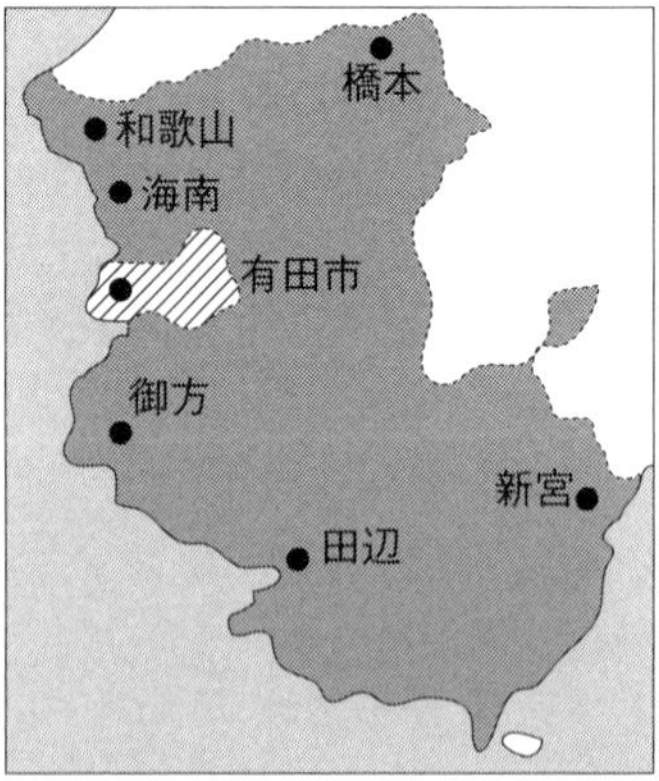

有田市
和歌山県の北西部に位置し、紀伊水道に面している。

路や国道で、車の立《た》ち往生《おうじょう》が相次ぎました。一番多かったのは、米子《よなご》自動車道で、二十三日の夜には、約三〇〇台の車が動けなくなりました。智頭《ちづ》町では、国道三七三号で約二〇〇台の車が、鳥取自動車道でも約一四〇台の車が動けなくなりました。智頭町が開設した避難所で一夜を過ごした人たちもいました。二十四日の早朝、鳥取県知事が、自衛隊に災害派遣を要請しました。

新聞メディアの扱い方

この二つの災害を、マス・メディアはどのように報道したのでしょうか。マス・メディアは、扱うニュースによって、大きく二つのタイプに分けられます。東京から全国の人たちへの報道を展開する報道各社（全国紙やキー局）と、各地域の出来事を、地域住民に向けて報道する各社（ローカル紙やローカル局）です。今回は、全国紙として発行されている五大紙の中で、発行部数の一番多い読売新聞を例にとって、この二つの災害が、どのように報道されたのか見ていきます。

智頭町
鳥取県の南東部に位置する町。北は鳥取市に接し、南は岡山県に接している。町の面積の九〇パーセント以上が山林である。

五大紙
一般に、読売新聞、朝日新聞、毎日新聞、日本経済新聞、産経新聞の五紙が全国紙と呼ばれている。その中で発行部数が一番多いのは、読売新聞で、約八八〇万部、朝日新聞が六二四万部と続く。

新聞は「化学災害」をどう伝えたか

工場で火災が発生した翌日（一月二十三日）、読売新聞の朝刊に記事が載りました（下部参照）。第三五面に、火災の状況を説明した三〇〇字足らずの記事と、燃え続ける工場を写した一枚の写真が掲載《けいさい》されていました。そして、二十四日の夕刊第十二面に、工場火災が鎮火したことを伝える記事（約一三〇字）が載りました。

新聞は「自然災害」をどう伝えたか

車の立ち往生がほぼ解消された一月二十四日、読売新聞の夕刊に記事が載りました（下部参照）。第一面に、六〇〇字以上の記事と、国道上で立ち往生した車列を写した一枚の写真、立ち往生が発生した場所を示す地図が掲載されました。そして、二十五日の夕刊第十三面に、車の立ち往生が解消したことを伝える記事（約五六〇字）が載りました（次頁参照）。

記事の文字数、写真の大きさ、掲載面、どれを比較してみても、化学災害の方が小さい扱いだったことが分かります。マス・メディアの中で報道

石油工場で火災
けが人なし 3000人避難指示
和歌山

22日午後3時50分頃、和歌山県有田市初島町浜、石油元売り大手・東燃ゼネラル石油（本社・東京）の和歌山工場内で「煙が出ている」と、近隣住民から110番があった。敷地内の施設が炎上し、同市消防本部などが消火作業にあたっているが、23日午前0時現在、火勢は衰えていない。同市は1281世帯2986人に避難指示を出し、県警有田署などが原因を調べている。けが人の情報はない。

同署や工場関係者によると、出火したのは、「脱ろう装置」と呼ばれる石油精製プラントの一部。出火当時は稼働中で、約10人が近くで作業をしていたが、全員避難して無事だった。

炎上する石油精製工場（22日午後6時1分、和歌山県有田市で、本社ヘリから）

石油工場で火災
『読売新聞』二〇一七年一月二十三日付朝刊より。

大雪 鳥取650台立ち往生
2日間で 自衛隊派遣を要請

大雪 鳥取六五〇台立ち往生
『読売新聞』二〇一七年一月二十四日付夕刊より。

に携《たずさ》わる人たちも、化学災害に対する認識や危機意識が、まだそれほど高くないと考えられます。

災害の種類や規模に関係なく、巻き込まれた人たちにとっては、大きな出来事です。また、どのニュースを、どれだけの紙面や時間を割いて扱うかは、報道各社が独自に判断すべき事柄《ことがら》です。この二つを前提にしたうえで、考えるべき事柄があります。

特殊な毒性ガスが発生しなかったとはいえ、三〇〇〇人近くの人たちが避難指示を受けたこの火災は、周辺に大きな影響を与えた化学災害の一つだと言えるでしょう。にもかかわらず、マス・メディアでの取り上げられ方が、それほど大きくないという点です。先に触れたような「近年の化学災害の発生件数高止まり」と、「今回の火災の規模」を合わせて考えると、東燃ゼネラル石油有田工場での火災についても、もう少し紙面を割いて報道しても良かったのではないでしょうか。

鳥取大雪　立ち往生が解消

『読売新聞』二〇一七年一月二十五日付夕刊より。

2017年(平成29年)1月25日(水曜日)　夕

鳥取大雪　立ち往生解消

西日本の日本海側を中心に降った大雪の影響で、鳥取、岡山両県の幹線道路で相次いだ車の立ち往生は、25日朝までにすべて解消した。鳥取県智頭町では23日夜から、立ち往生した車に乗っていた人たち向けに避難所を設置し、24日も観光客ら計20人が一夜を明かしたが、周辺の渋滞が緩和されたため、25日午前10時までに全員が退去したという。

ただ、冬型の気圧配置は続いており、一部で交通の乱れが続いている。

鳥取県境に近い岡山県西粟倉村の鳥取自動車道では、24日午後3時過ぎから約30台が動けなくなっていたが、除雪作業が進み、25日午前4時過ぎに解消。同自動車道の通行止めも、午後1時に解除された。

▲雪が小康状態になり、除雪作業に追われる人の姿も見られた(25日午前、鳥取県智頭町で)

鳥取県智頭町の町総合センターに身を寄せた鳥取市の大学職員神原本子さん(32)は、夫や3歳と1歳の子どもと親族の結婚式に出た帰りに立ち往生したという。「地元の人がおむつを差し入れてくれて助かった。帰ってゆっくり休みたい」と、疲れた表情で話した。

気象庁によると、25日朝の最低気温は大阪府豊中市(氷点下2・7度)、堺市(同1・7度)、和歌山市(同1・1度)などで、今季最低を記録した。西日本各地の積雪量は25日正午現在、鳥取県智頭町で96センチ、松江滋賀県彦根市で48センチ、市で29センチなど。

Q31 私たちが化学災害から身を守るために、どのようなことをすべきですか？

化学災害から私たちの生命や財産を守るために、何が重要なのか、そして、私たちができること、すべきことについて教えてください。

化学災害から、自分自身や家族、友人などの生命、住宅などの財産を守ろうとする時に、どんなことが重要になるでしょうか。大きく分けて三つあります。

まず、化学災害という災害が実際に起きていること、どのくらい発生しているのか、といった「実態を知る」ことです。次に、自宅周辺など、自分の身の回りに、どのような化学災害の発生可能性があるのか、その「危険性を知る」ことです。そして、三つ目に、化学災害に対して「備える」ことです。

これら三つは、何も特別なことではありません。自然災害に置き換えて考えてみればよく分かります。私たちは、特に意識することなくおこなっていることです。

台風を例にとって考えてみましょう。これまで、多くの台風を経験してきた日本では、台風が近づいたり、上陸したりすると、どのような被害が生じるのか、ニュースで見聞きしたことがあるでしょう。実際に、雨や風の被害を体験した方も多いのではないかと思います。これが、「実態を知る」ことにあたります。

台風が発生して、日本に近づいて来ている時、皆さんは、天気予報を見ると思います。そして、「台風の強さや大きさ」、「台風の進路」、「風や雨のピークの時間帯」などについて確認するでしょう。これが、対処すべき相手の「危険性を知る」ことにあたります。

そして、対処すべき相手について知った後は、「食べ物を多めに買っておく」、「家の損壊や浸水を防ぐために、雨戸を閉めたり、補強したり、土のうを積んだりする」、「予定を変更する」といった対策を取るでしょう。これらが、被害に遭《あ》わないために、もしくは最小限にとどめるために「備える」ことにあたります。

化学災害に対しても、しなくてはならないことは、基本的に同じです。

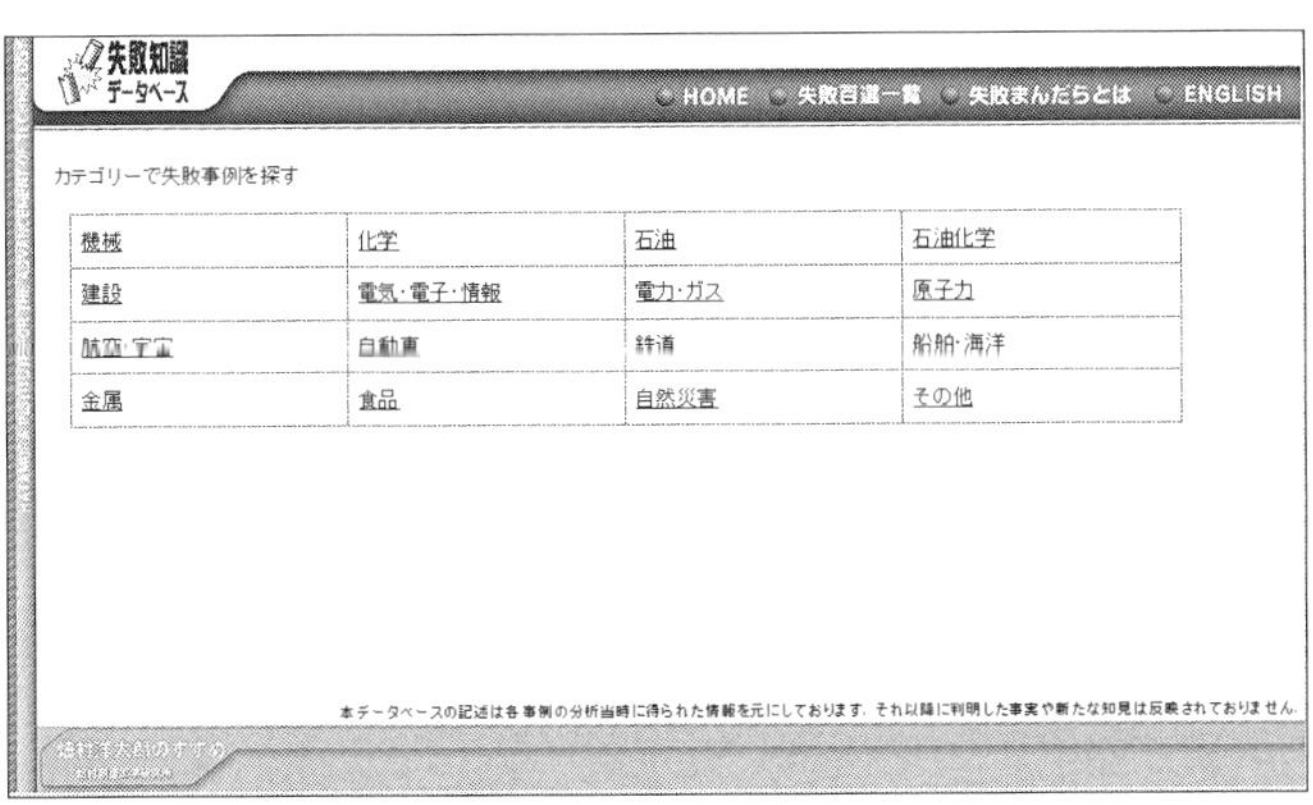

失敗知識データベース
(http://www.sozogaku.com/fkd/index.html)

化学災害の実態を知る

まず、化学災害がどのような災害であるか、どのくらい起きているのか、起きたらどのような被害が出るのか、などについて知る必要があります。本書で言えば、第Ⅱ章から第Ⅳ章で扱った内容にあたります。これまでは、「爆発事故」や「火災」として認識してきたものを、「化学災害」と捉《とら》える、という意味では、発想の転換も必要かもしれません。

本書で扱ったのは、化学災害のデータに関する部分にすぎません。どこで、どのような化学災害が起き、どのような被害が発生したのか、については、数は多くありませんが、以下のようなサイトや、書籍で確認することができます。

失敗知識データベース（前頁下図参照）
リレーショナル化学災害データベース（下図参照）
安全工学協会編『火災爆発事故事例集』（コロナ社、二〇〇二年）
平野敏右編『環境・災害・事故の事典』（丸善、二〇〇一年）
災害情報センター編『災害・事故事例事典』（丸善、二〇〇二年）

リレーショナル化学災害データベース（http://riscad.db.aist.go.jp/index.php）

安全工学会編『事故・災害事例とその対策―再発防止のための処方箋―』（養賢堂、二〇〇五年）
田村昌三編『化学物質・プラント事故事例ハンドブック』（丸善、二〇〇六年）
日外アソシエーツ編『日本災害史事典1868‐2009』（日外アソシエーツ、二〇一〇年）

自分の周辺で起こる可能性のある化学災害について知ること

次に、自宅周辺にある化学工場や事業所で起こりうる化学災害には、どのようなものがあるのか、について知らなくてはいけません。それぞれの化学工場や事業所で、取り扱う化学物質の種類や量は全く違います。したがって、どのような化学災害が起こりうるのか、どういった対策が必要なのか、についても、化学工場や事業所ごとに異なるわけです。

自宅周辺の化学工場や事業所で、どのような化学物質を取り扱っているのか、について知るための一つの助けとなるのが、ＰＲＴＲ制度によって収集された「化学物質排出量・移動量」のデータです。

ＰＲＴＲ制度

Pollutant Release and Transfer Register の頭文字、日本語では、「環境汚染物質排出・移動登録制度」と呼ぶ。一九九九年に成立した「特定化学物質の環境への排出量の把握等及び管理の改善の促進に関する法律（ＰＲＴＲ法、化管法などとも呼ばれる）」によって導入された。二〇〇一年から運用がスタートした。

起こるかもしれない化学災害に備えること

自宅周辺で操業《そうぎょう》する化学工場や事業所が取り扱う化学物質についての情報を得ることは、事業者側と対立するためにするわけではありません。あくまでも、化学災害が起きてしまった時に、その影響や被害をできる限り小さくするためにおこなうものです。

第Ⅱ章で見たように、「爆発を起こしやすい物質か」、「どのような有害性や毒性を持つ物質か」、「消火活動に水が使えるか」など、化学物質の持つ特徴によって、取るべき対策は変わってきます。また、取り扱う量によって、爆発や火災の影響が及ぶ範囲も変わってくるでしょう。

これらの情報をもとにハザードマップを作ったり、避難経路を確認したり、防災計画を作成したり、避難訓練をおこなったりすることが、備えることにあたります。

Q32 化学災害におけるハザードマップとは、どのようなものですか？

自然災害に関するハザードマップは、よく聞くのですが、化学災害に関するハザードマップとは、どのようなものなのかについて教えてください。

化学災害に関するハザードマップ

皆さんは、ハザードマップという言葉を、どこかで一度は目にしたり、耳にしたりしたことがあると思います。ハザードマップとは、災害が襲って来た時に、どのような被害が出るか予測し、その程度や及ぶ範囲を地図上に示したものです（一七五頁参照）。

例として載《の》せたのは、東京都江戸川区の「洪水被害に関するハザードマップ」です。台風や大雨などで河川が増水した時に、どの地域まで水が及ぶのか、被害の程度にもとづいて色分けされています。

ハザードマップは、災害ごとに作成され、インターネットで公開されています。「国土交通省ハザードマップポータルサイト～身のまわりの災害リスクを調べる～」で検索《けんさく》して、閲覧《えつらん》することができます。このサイトにまとめられているのは、「洪水」、「津波」、「土砂災害」、「火山」などの、自然災害に関するハザードマップです。これらを確認することで、自分が暮らす地域は、どのような災害の影響を大きく受ける可能性があるのか、について知ることができます。

右に示したサイトを見る限り、化学災害のハザードマップは公開されていません。この領域においても、化学災害に関する取り組みは、自然災害のそれに比べて遅れていることが分かります。

それならば、私たち自らが主体的に動いて、我がまちのハザードマップを作ってしまいましょう、というのが提案です。

化学災害に関するハザードマップ作成のために収集すべき情報

まず、ハザードマップを作成するために必要な情報を集めなくてはなりません。

(1) 事業所の位置

規模の大小を問わず、操業している工場がどこにあるのかチェック

国土交通省ハザードマップポータルサイト～身のまわりの災害リスクを調べる～

以下のアドレスからアクセスできる（https://disaportal.gsi.go.jp/index.html）。

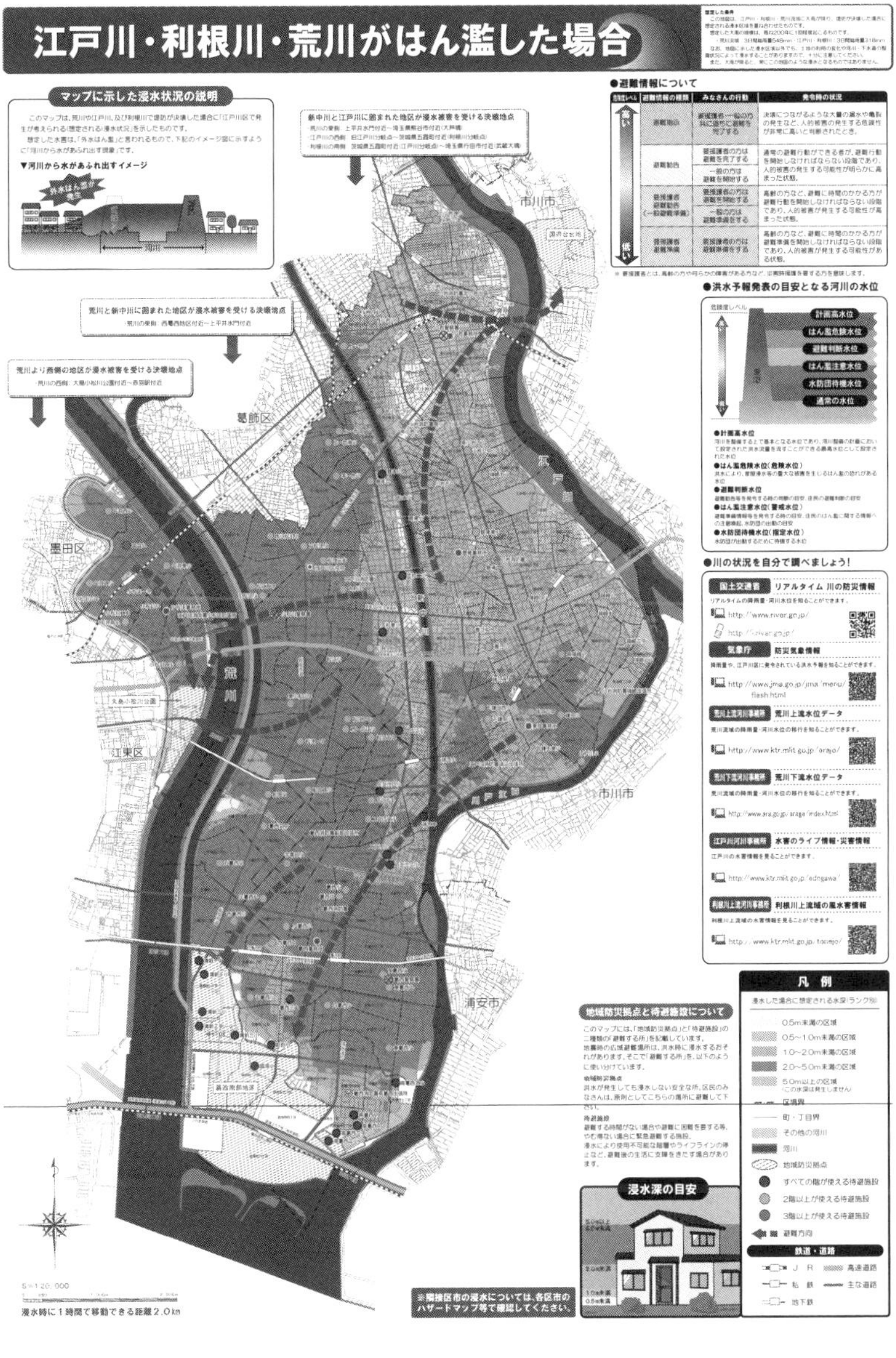

東京都江戸川区の「洪水被害に関するハザードマップ」
（https://www.city.edogawa.tokyo.jp/bousai/koujo/n_bousaikeikaku.files/281004-g.pdf）

します。

(2)　化学物質の種類

そもそも、どのような化学物質を扱っているのか、ということが分からなければ、対策を講じることができません。

(3)　化学物質の量

取り扱っている化学物質の量によって、化学災害が起きた時に被害の及ぶ範囲が変わってきます。

(4)　化学物質の特徴

その工場では、どういう状態（固体、液体、気体）で化学物質を扱っているのか、どのような有害性・毒性があるのか、どの程度の有害性・毒性なのか、消火の際に、水は使用できるのか、などの特徴を調べます。

化学物質に関する情報の収集方法

最低限、これらの情報が必要になると思われます。(1)の位置情報は、地域の地図を見たり、自分たちの足で町を歩いたりすれば分かりますが、化学物質に関する⑵から⑷までの情報についてはどうでしょうか。これらの情報については、少なくとも四つの方法で得ることができます。

(1)　工場のホームページや環境報告書で確認する

インターネット網の発達で、個人でさえも、気軽に世界に向けて情報を発信することが可能な世の中になりました。現在では、小規模の事業所であっても、自社のホームページを持って、技術や製品のＰＲをおこなうことは珍しくありません。ホームページ内で、定期的に発行される「環境報告書」を読むことができる事業所も増えてきています。そこに載せられた化学物質に関する情報をチェックします。

(2)　ＰＲＴＲ制度で公開された情報で確認する

Ｑ31でも少し触れたように、ＰＲＴＲ制度で収集され、公開された情報を見ることによって、化学物質に関する情報を得ることができます。具体的には、その事業所の「業種」、「従業員数」、「化学物質名」、「どこへ、どれだけ排出・移動したか」といった情報です。

また、環境省のホームページには、「ＰＲＴＲデータ地図上表示システム」があり、このシステムを利用すると、より視覚的に把握しや

環境報告書

企業が、環境保全に関する方針・目標・計画、二酸化炭素排出量や廃棄物の削減へ向けた取り組みの状況を、定期的に公表するもののこと（環境省「環境報告書」）。

すくなります。仮に、コンピューターを持っていなかったり、操作が苦手だったりしても、環境省や経済産業省に申請することで、公開情報を得ることができます。

ただし、ネックもあります。四六二種類の化学物質しか情報が収集されていない点です。それに加え、これらの化学物質は、爆発、火災、漏えいといった、化学災害の危険性の高さから選ばれているわけではない、という点も弱点として指摘できるでしょう。

(3) 市区町村や消防本部に尋ねて確認する

指定された量以上の危険物や毒物、劇物を扱う場合、届出をしたり、許可を得たりする必要があります。取り扱う化学物質の種類や量の情報については、市区町村や消防本部にデータとして残っているはずです。それらの情報を開示してもらえるよう申請《しんせい》します。

このやり方も、ネックがあります。法律で指定されている化学物質であっても、取扱量が少なければ届出の必要がないからです。また、法律で指定されていない化学物質に、化学災害の危険性が全くない、とは言い切れないからです。

四六二種類の化学物質

これらは、第一種指定化学物質と呼ばれていて、「人類の健康や、動植物の生存などに悪影響を及ぼす可能性がある」、「自然の状況で化学変化を起こし、有害性を持った化学物質に変化しやすい」、「オゾン層破壊など、環境に悪影響を及ぼす」という三つの条件のいずれかに当てはまり、かつ、環境中に広く継続的に存在すると認められる化学物質のことを指す。

（4）工場に直接尋ねて確認する

前の二つの方法でカバーしきれない部分は、工場に直接訊《き》いて化学物質に関する情報を得ることができます。周辺に暮らす住民が、いきなり工場を訪れて、「化学物質についての情報を公開してほしい」と頼むだけでは、断られてしまう可能性が高いと考えられます。市区町村のスタッフや、消防関係者を伴う形で、工場側と交渉した方が良いでしょう。また、この時に役に立つのが、リスク・コミュニケーションの心得です（Q33参照）。

情報収集後は、これらの情報を地図上に載せていく作業をおこない、インターネットで公開したり、近隣の各家庭に配布したりします。

地区防災計画制度を利用しよう

二〇一三年の災害対策基本法改正によって、「地区防災計画制度」が導入されました。この制度では、市町村の一定の区域内に暮らす住民や事業者が、自発的におこなう防災活動を推奨《すいしょう》しています。地域住民らが地区防

地区防災計画制度

もともと、国のレベルでは、中央防災会議による「防災基本計画」や、指定行政機関・指定公共機関による「防災業務計画」が策定されていた。また、都道府県レベルでは、都道府県防災会議による「地域防災計画」が、市町村レベルでは、市町村防災会議による「地域防災計画」が策定されていた。二〇一一年三月の東日本大震災の際には、公助の限界が明らかになった。その後、災害対策基本法に「自助」や「共助」に関する規定も加えられて、「地区防災計画制度」が導入された。

災計画案を作成し、市町村防災会議に提案することも可能です。この点が大きな特徴と言えます（西澤雅道・筒井智士『地区防災計画制度入門』）。

同じように「災害」と位置づけられているのにもかかわらず、化学災害対策は、政治、行政、私たち市民、どのカテゴリーにおいても遅れていいます。発生件数は高止まりしていますが、被害が小さく済んでいる今のうちに、少なくとも、自然災害対策と同じくらいの取り組みをしなければいけないと考えます。自然災害と違って、私たちが注意することで防ぐことのできる化学災害、被害を小さくできる化学災害が多いのですから。

Q33 リスク・コミュニケーションとは、どのようなものですか？

リスク・コミュニケーションとは、具体的に何をするものなのか、また、化学災害から身を守るために、どう役立つのかについて教えてください。

リスクには、自分自身が注意したり、努力したりすることで避けられるものと、避けきれないものがあります。住宅火災という化学災害に即《そく》して考えてみましょう。ガスや火の消し忘れに注意し、確認を怠《おこた》らないことで、爆発事故や火災の発生、ガス漏れなどの多くを防ぐことができるでしょう。

しかし、留守中の住宅や、家人が就寝中《しゅうしんちゅう》の住宅に、放火犯が火をつけてしまったら、火事は発生します。この場合、リスクの原因が、放火犯という、私たちのコントロールしきれない部分にあるため、リスクはゼロにはなりません。ただし、近所の人たちと協力して見回りをしたり、燃えやすい物をできるだけ置かないよう心がけたりすることで、ある程度防ぐこと

リスク

Riskという言葉は、アラビア語の'risq'から派生したという説と、ラテン語の'risco'から派生したという説がある（Mythen 2004：13）。ただ、どちらの説においても、'risk'が「船乗りたちが、未知の海洋を航海する時に遭遇《そうぐう》するさまざまな危険」を意味していた。英語でRiskという言葉が使われ始めたのは、十七世紀の後半からである（Lupton 1999：5）。リスクという言葉は、日本語では「危険」と訳され

はできるでしょう。

リスク・コミュニケーションとは何か

皆さんは、リスク・コミュニケーションという言葉を聞いたことがありますか。ＮＲＣは、リスク・コミュニケーションを「リスクについての、個人、機関、集団間での情報や意見のやり取りの相互作用的過程《そうごさようてきかてい》」と定義しています。専門知識や詳しいデータを持った科学者、企業関係者、行政機関の担当者などの「リスクに関する専門家」と、近隣住民など「利害関係者」の間でおこなわれます。

リスク・コミュニケーションの中でやりとりされるメッセージには、二種類あります（吉川肇子『リスク・コミュニケーション』一九頁）。一つ目は、「リスクに関するさまざまなメッセージ」で、主として、専門家側から利害関係者に対して送られるものです。二つ目は、「送られたメッセージに対する反応や意見、または、リスク管理のための取り組みに対する関心や意見」で、主として、利害関係者から専門家側に送られるものです。

ＮＲＣの定義にもある「相互作用的過程」が、重要であることが分かり

るが、危険を意味する英語は、他にもある。Danger や Hazard, Peril, Jeopardy などである。

ＮＲＣ
National Research Council の頭文字。米国学術研究会議のこと。

ます。言い換《か》えれば、「送り手」から「受け手」へ送られる情報と、「受け手」から「送り手」へのリアクションの両方があって、リスク・コミュニケーションが成り立つということです。

したがって、リスク・コミュニケーションは、単なる報告会とも違いますし、説得のうえ、何らかの合意に達することを目的におこなわれるものでもありません（北野大・長谷恵美子『化学物質と正しく付き合う方法』）。

化学災害に関するリスク・コミュニケーション

では、化学災害に関するリスク・コミュニケーションは、どのようにおこなわれるべきなのでしょうか。

化学物質を扱っている事業者は、工場周辺で暮らす住民に対して、

・取り扱っている化学物質の性質
・取り扱っている化学物質の量
・爆発や火災、漏えいといった事態が発生した時に、必要な処置
・取扱量から考えられる、万が一の際に影響が及ぶ可能性のある範囲
・化学災害発生時に対応できる人員や設備

化学物質の性質
爆発を起こしやすいか、何らかの有害性や毒性を持っているか、常温での状態（気体、液体、固体）など、取り扱ううえで注意すべき特徴。

必要な処置
消火に水が使えるのか、否か。もし、使えないとしたら、代わりに何が必要なのか。もし、漏えいした場合には、中和するために何が必要か、といった点。

などについて、嘘《うそ》の無い情報を伝える必要があります。

近隣住民の側も、「危険な物質を大量に扱っているし、怖そうだから反対する」、「リスクがゼロでないから絶対反対だ」という姿勢では、建設的なリスク・コミュニケーションは成立しません。

お互いの信頼関係が醸成《じょうせい》され、最終的には、事業者と近隣住民の双方が参加した防災訓練が、定期的におこなわれるようなところまで進むことができれば成功と言えるでしょう。

この項目で述べてきたリスク・コミュニケーションは、化学工場などの周辺に暮らす近隣住民がある程度集まって、共同で事業者側とおこなうものです。現在、特に都心部では、隣で暮らす人の顔すら知らないことも珍しくありません。そして、昔ながらの自治会や町内会といった組織も、機能していないところが増えつつあると言われています。

しかし、自然災害や化学災害が起こった時には、人的被害や物的被害を小さく抑えるために、近所の人たちとの協力が欠かせません。例えば、一九九五年一月に発生した阪神・淡路大震災の時に、倒壊《とうかい》した建物から救出された人の約七七パーセントが、家族や近所の住民によって助け出されたという調査があります（内閣府「平成二十六年版　防災白書」）。一方、消防、警察、自衛隊などの「公助」によるものは、約二三パーセントでした。家族や近所の人たちと力を合わせることが、いかに大切かが分かると思います。

おわりに

各種データを通じて、現在の日本では、化学災害が数多く発生していること、そして、その危険性は、私たちの身近な場所にあることを実感してもらえたと思います。

また、化学災害への意識や対策の現状は、政治、行政、法律、マス・メディアの取り上げ方など、どの点においても、自然災害に対するものに比べて遅れています。

これらの事実から導き出せることは何でしょうか。

それは、「自分たちが率先して動かなくても、誰かが何とかしてくれる」という考え方から、私たちが、そろそろ卒業する必要があるということです。言い換えれば、「公助」に対して過剰に期待するのではなく、「自助」や、近隣の住民との「共助」に積極的に関わっていくべきだということです。本書では、そのための具体的な方法にも触れています。

化学災害を発生させないために、そして、発生した化学災害の被害を可能な限り小さく抑えるために、できることから始めましょう。

本書は、筆者にとって緑風出版から出す二冊目の本となります。遅々として進まない原稿を辛抱強く待ってくださった高須次郎氏、高須ますみ氏、様々な装丁上のリクエストに応えてくださった斎藤あかね氏に感謝いたします。本当に有り難うございました。

〈著者略歴〉

門奈　弘己（もんな　こうき）

1976年生まれ。東京大学大学院新領域創成科学研究科修了（環境学修士）。英国のUniversity of Essexに留学し、社会学を専攻（Postgraduate Diploma in Sociology）。日本大学大学院総合科学研究科ポスト・ドクトラル・フェロー（～2015年3月）。

研究の主要テーマは、化学物質管理政策、PRTR制度、予防原則。

主要著書・論文
『食の安全事典』（山口英昌編　2009年10月　旬報社）、

『化学災害』（2015年12月　緑風出版）、

「ベックの社会理論と予防原則：化学物質によるリスクを事例として」（日本大学社会学会『社会学論叢』166号）

プロブレムQ＆A

化学防災読本《かがくぼうさいどくほん》

［化学災害からどう身を守るか］

2017年11月20日　初版第1刷発行　　定価1700円＋税

著　者　門奈弘己©

発行者　高須次郎

発行所　緑風出版

〒113-0033　東京都文京区本郷2-17-5　ツイン壱岐坂

〔電話〕03-3812-9420　〔FAX〕03-3812-7262　〔郵便振替〕00100-9-30776

［E-mail］info@ryokufu.com

［URL］http://www.ryokufu.com/

装　幀　斎藤あかね　　カバーイラスト　Nozu

制　作　R企画　　印　刷　中央精版印刷・巣鴨美術印刷

製　本　中央精版印刷　　用　紙　大宝紙業・中央精版印刷　　E1200

ISBN978-4-8461-1705-4　C0336

◎緑風出版の本

■全国のどの書店でもご購入いただけます。
■店頭にない場合は、なるべく書店を通じてご注文ください。
■表示価格には消費税が加算されます。

なぜ即時原発廃止なのか
[実は暮らしに直結する恐怖]
西尾　漠著

四六判上製
二四〇頁
2000円

高汚染地域に生活することを余儀なくされている人がいる。いまこそ脱原発しかない。そして段階的な脱原発より即時全原発廃絶のほうが現実的なのだ。本書は、福島原発事故、政府の原子力政策、核燃料サイクルの現状を総括し、提言する。

破綻したプルトニウム利用
政策転換への提言
原子力資料情報室、原水爆禁止日本国民会議著

四六版並製
二二〇頁
1700円

多くの科学者が疑問を投げかけている「核燃料サイクルシステム」が、既に破綻し、いかに危険で莫大なムダかを、詳細なデータと科学的根拠に基づき分析。このシステムを無理に動かそうとする政府の政策を批判、その転換を提言する。

原発は地球にやさしいか
温暖化防止に役立つというウソ
西尾　漠著

A5判並製
一五二頁
1600円

原発は温暖化防止に役立つとか、地球に優しいエネルギーなどと宣伝されている。CO_2発生量は少ないというのが根拠だが、はたしてどうなのか？　Q&Aでこれらの疑問に答え、原発が温暖化防止に役立つというウソを明らかにする。

プロブレムQ&A
なぜ脱原発なのか？
[放射能のごみから非浪費型社会まで]
西尾　漠著

A5判並製
一七六頁
1700円

暮らしの中にある原子力発電所、その電気を使っている私たち……。原発は廃止しなければならないか、増え続ける放射能のごみはどうすればいいか、原発を廃止しても電力の供給は大丈夫か——暮らしと地球の未来のために改めて考えよう。

プロブレムQ&A
むだで危険な再処理
[いまならまだ止められる]
西尾　漠著

A5判変並製
一六〇頁
1500円

青森県六ヶ所に建設されている「再処理工場」とはなんなのか。世界的にも危険でコストがかさむ再処理はせず、そのまま廃棄物とする「直接処分」が主流なのに、なぜ核燃料サイクルに固執するのか。本書はムダで危険な再処理問題を解説。

プロブレムQ&A
同性愛って何？
［わかりあうことから共に生きるために］
伊藤 悟・大江千束・小川葉子・石川大我・簗瀬竜太・大月純子・新井敏之著
A5判変並製
二〇〇頁
1700円

同性愛ってなんだろう？ 家族・友人としてどうすればいい？ 社会的偏見と差別はどうなっているの？ 同性愛者が結婚しようとすると立ちはだかる法的差別？ 聞きたいけど聞けなかった素朴な疑問から共生のためのQ&A。

レインボーフォーラム
ゲイ編集者からの論士歴問
永易至文編著
四六判並製
二三六頁
1800円

あの人がゲイ・レズビアンを語ったら……読者は、同性愛者コミュニティがけっして日本社会と無縁で特殊な存在ではない事をむしろ日本社会の課題をすぐれて先鋭的に体現する場所である事を理解されるでしょう。

プロブレムQ&A
10代からのセイファーセックス入門
［子も親も先生もこれだけは知っておこう］
堀口貞夫・堀口雅子・伊藤 悟・簗瀬竜太・大江千束・小川葉子著
A5判変並製
二二〇頁
1700円

学校では、十分な性知識を教えられないのが現状だ。無防備なセックスで望まない妊娠、STD・HIV感染者を増やさないために、正しい性知識と、より安全なセックス＝セイファーセックスが必要。自分とパートナーを守ろう！

プロブレムQ&A
戸籍って何だ
［差別をつくりだすもの］
佐藤文明著
A5判変並製
二六四頁
1900円

日本独自の戸籍制度だが、その内実はあまり知られていない。戸籍研究家と知られる著者が、個人情報との関連や差別問題、婚外子差別から外国人登録問題等、戸籍の問題をとらえ返し、その生い立ちから問題点までやさしく解説。

プロブレムQ&A
どう考える？ 生殖医療
［体外受精から代理出産・受精卵診断まで］
小笠原信之著
A5変並製
二〇八頁
1700円

人工受精・体外受精・代理出産・クローンと生殖分野の医療技術の発展はめざましい。出生前診断で出産を断念することの是非や、人工授精児たちの親捜し等、色々な問題を整理し解説すると共に、生命の尊厳を踏まえ共に考える書。

プロブレムQ&A
アイヌ差別問題読本［増補改訂版］
［シサムになるために］
小笠原信之著
A5変並製
二七六頁
1900円

二風谷ダム判決や、九七年に成立した「アイヌ文化振興法」等話題になっているアイヌ。しかし私たちは、アイヌの歴史をどれだけ知っているのだろうか？ 本書はその歴史と差別問題、そして先住民権とは何かを易しく解説。最新版。

プロブレムQ&A
新・部落差別はなくなったか？
［隠すのか顕すのか］
塩見鮮一郎著
A5変並製
二一六頁
1800円
隠せば差別は自然消滅するのか？ 顕すことは差別を助長するのか？ 本書は、部落差別は、近代社会に固有な現象であり、人種差別・障害者差別・エイズ差別等と同様に顕わすことで、議論を深め解決していく必要性があると説く。

プロブレムQ&A
問い直す「部落」観
［日本賤民の歴史と世界］
小松克己著
A5変並製
二五六頁
1800円
これまで教育現場・啓発書等で通説となっていた近世政治起源説は、なぜ否定されなければならないのか？ 部落問題は、どのようにして成立し、日本の近代化のどこに問題があったのか？ 最新研究を踏まえ部落史を書き換える。

プロブレムQ&A
問い直す差別の歴史
［ヨーロッパ・朝鮮賤民の世界］
小松克己著
A5変並製
二〇〇頁
1700円
中世ヨーロッパや朝鮮でも日本の「部落民」同様に差別を受け、賤視される人々がいた。本書は、人権感覚を問いつつ「洋の東西を問わず、歴史の中の賤民（被差別民）は、どういう存在であったか」を追い、差別とは何かを考える。

プロブレムQ&A
許されるのか？ 安楽死
［安楽死・尊厳死・慈悲殺］
小笠原信之著
A5変並製
二六四頁
1800円
高齢社会が到来し、終末期医療の現場では安易な「安楽死ならざる安楽死」も噂される。本書は、安楽死や尊厳死をめぐる諸問題について、その定義から歴史、医療、宗教・哲学まで、様々な角度から解説。あなたなら、どうする？

プロブレムQ&A
電磁波・化学物質過敏症対策［増補改訂版］
［克服するためのアドバイス］
加藤やすこ著／出村　守監修
A5変並製
二〇四頁
1700円
近年、携帯電話や家電製品からの電磁波や、防虫剤・建材などからの化学物質の汚染によって電磁波過敏症や化学物質過敏症などの新しい病が急増している。本書は、そのメカニズムと対処法を、医者の監修のもと分かり易く解説。

プロブレムQ&A
危ない携帯電話［増補改訂版］
［それでもあなたは使うの？］
荻野晃也著
A5変並製
二三二頁
1900円
携帯電話が普及している。しかし、携帯電話の高周波の電磁場は電子レンジに頭を突っ込んでいるほど強いもので、脳腫瘍の危険が極めて高い。本書は、政府や電話会社が否定し続けている携帯電話と電波塔の危険を易しく解説。